Armin Spürgin

Bienenwachs

Armin Spürgin

Bienenwachs

Gewinnen, verarbeiten, vielseitig verwenden

3. Auflage

Inhalt

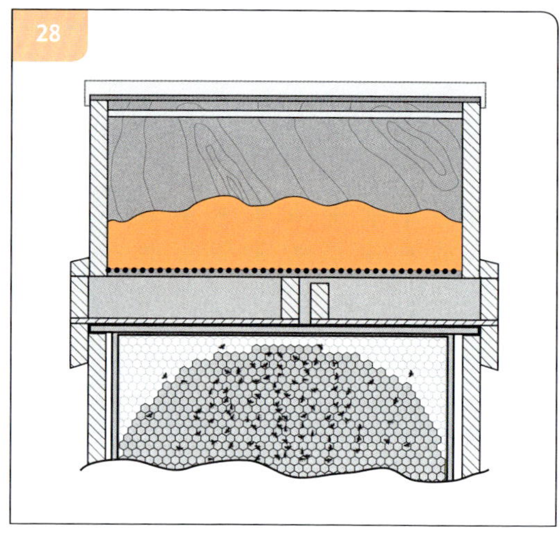

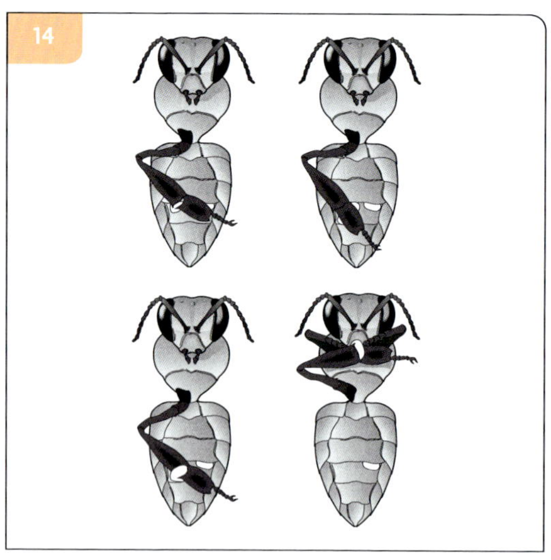

115

Vorwort

Echtes Bienenwachs gilt immer noch als etwas Besonderes. Es ist unentbehrlich zur Herstellung wertvollster Kerzen, natürlicher Werkstoff für viele Anwendungen in Handwerk und Kunst, Bestandteil pharmazeutischer Produkte und vor allem ein, wenn nicht das wichtigste, Betriebsmittel des Imkers. Ein eigener Wachskreislauf ist heute für den Bio-Imker unentbehrlich und für den konventionellen Imker erstrebenswert. Das beschert dem Bienenwachs nach jahrelangem Preisverfall wieder einen neuen Stellenwert. Es „lohnt" sich wieder, sich mit dem reizvollen Nebenprodukt der Imkerei zu beschäftigen.

Das trifft umso mehr zu, als der Markt mit Bienenwachs in den letzten Jahren von einigen kleineren und größeren Skandalen erschüttert wurde. Profitgierige Anbieter versorgten sich am globalen Wachsmarkt mit billigsten Chargen zum Schaden der Bienen, der Imker und des seriösen, traditionellen Wachshandwerks. Das hatte einen Preisauftrieb zur Folge, dessen Ende noch nicht abzusehen ist. Das Positive an dieser Entwicklung: Neben einem steigenden Qualitätsbewusstsein sind ISO-Normierungen und gesetzliche Standards in Vorbereitung. Endlich!

Bei der Entstehung dieses Buches war es notwendig, nach alten Methoden Ausschau zu halten und mit neuer Technik zu kombinieren. Viele Geheimnisse mussten erst jenen entlockt werden, die im täglichen Umgang mit Bienenwachs oder durch Spezialisierung auf bestimmte Produkte, ein enormes Fachwissen erworben haben, für das ein einzelnes Imkerleben nicht ausreichen würde. Deshalb sollen alle jene nicht ungenannt bleiben, die wesentlich zum Inhalt des Buches beigetragen haben. Der Dank gilt: Dr. Frank Neumann, Aulendorf, für seine Dampf-Wachsschmelzkiste und die Beton-Mittelwandgießform; Anita und Hubert Böhler, Dachsberg, für das Zeigen und Erläutern der Mittelwandmaschine, Dr. Jürgen Schwenkel und Karin Boysens, Waldkirch, für die diffizile Technik des Kerzentauchens und Godeliva Steinkönig, Zell a. H. für die schönen Knetfiguren. Viel Zeit haben auch Imkermeister Christian Haas, mein Kollege Fachberater Siegfried Dietrich, mein Vater, Karl Nikolaus (1915–2015), sowie meine Geschwister Gudrun und Klaus (1948–2015) für das fachliche Korrekturlesen aufgewandt. Ihnen sei ebenso gedankt, wie den vielen Imkern, die mir mit Tipps weiterhalfen und den Bildautoren, für die Bereitstellung von Fotos.

Wenn das Buch ein wenig dazu beiträgt, die Wertschätzung des Bienenwachses zu heben, hat es das wichtigste Ziel erreicht.

Meinem Vater
Karl Nikolaus Spürgin

Armin Spürgin, Emmendingen

Bienenwachs – Ein wunderbares Naturprodukt

Irgendjemand muss in grauer Vorzeit etwas von so wunderbarem Geschmack entdeckt haben, dass er und seine Nachfahren allen Erfindungsreichtum, alle Finten und Kniffe einsetzten, um mehr davon zu bekommen: Honig. Nichts war so süß und so lecker, gleichzeitig kraftspendend, ja nach Zugabe von etwas Wasser und einiger Wartezeit sogar berauschend.

Wer im Kulturprogramm des Fernsehens einmal die Honigjäger Asiens oder Afrikas bestaunen konnte, bekommt eine Ahnung davon, was es heißt, sich ohne Schutzkleidung wilden Bienen zu nähern. Aber ohne Rauch? Solcher Todesmut ist einfach unvorstellbar. Hatten die ersten Honigjäger aber Feuer zur Verfügung, lernten sie nicht nur süßen Honig zu erbeuten, sondern auch die besonderen Eigenschaften des Wachses kennen. Ausreichend erhitzt läuft es goldgelb aus den dunkelsten Waben. Kein Rohstoff in der Natur kommt ihm gleich. Es kann lichterloh brennen, was bei zu unvorsichtigem Hantieren mit dem Feuer leicht passiert. Es ist wasserfest und bei Körpertemperatur leicht verformbar. So etwas lässt sich zu allem möglichen gebrauchen. Ritzen verstopfen, Gefäße abdichten, Kleidung imprägnieren. Wer gedankenverloren mit einem Stückchen Bienenwachs sich selbst überlassen bleibt, wird überrascht sein, was plötzlich daraus wird. Hier gedrückt, dort gekniffen und etwas langgezogen: schon ist eine kleine

Feuer vor Bienen
Vieles spricht dafür, dass sich der Mensch erst nach Beherrschung des Feuers an die Bienen wagte.

Jeder Schwarm muss seinen gesamten Wabenbau neu errichten.

Schlange, eine Maus oder ein Schweinchen in den Händen entstanden. Könnten so nicht die ersten Kunstwerke entstanden sein? Leider nicht dauerhaft genug um nach Jahrtausenden ausgegraben zu werden! Wir wissen es nicht. Man kann aber nicht anders, als sich vorzustellen, dass die Biene und ihre Produkte vom ersten Kontakt an bei den Menschen eine besondere Stellung einnahm. Sie war winzig, aber äußerst wehrhaft und forderte größten Respekt. Ein geheimnisvolles Geschöpf, das auch heute noch viele Rätsel aufgibt und seine Faszination ausübt. Ein echter Imker hat jedenfalls nicht das Staunen verlernt, wie die Bienen in emsigem Treiben manchmal innerhalb nur weniger Tage ihren Jahresvorrat einholen und über Nacht die nötigen Waben dazu bauen. Das alles nach vielen Monaten geduldigen Wartens, Beobachtens und Pflegens. Man hatte nach langen Regenwochen und Kältenächten eigentlich nicht mehr damit gerechnet und dann das: goldgelber Honig, schneeweißes, duftendes Wachs.

Wachs war wertvoller als Honig

Früheste Zeugnisse zeigen die Biene auf den Darstellungen des alten Ägypten, wo sie als Hoheitszeichen galt. Auch detaillierte imkerliche Abbildungen aus dieser Zeit sind überliefert. Im antiken Griechenland hat es die Biene sogar auf Münzprägungen geschafft (Ephesos) und wohl zum ersten Mal kommt Bienenwachs in der griechischen Mythologie ganz groß heraus: als, wenn auch nicht ganz zuverlässiger, Klebstoff (Ikarus).

Wachstafeln (lat.: tabula cerata) waren in der Antike wichtige Schreibutensilien. Rechteckige Holztäfelchen wurden mit schmalen Leisten versehen, mit einer Mischung aus Bienenwachs und anderen Zutaten gefüllt und meist zu zweien wie Buchdeckel aneinander gefügt. Zusammengeklappt war die beschriebene Wachsfläche geschützt und konnte sogar versiegelt und verschickt werden. Ohne Probleme ließ sich die Wachsschrift korrigieren oder nach dem Lesen der Nachricht komplett löschen, indem die Buchstaben einfach mit einem Spachtel glattgestrichen wurden, der sich am oberen Ende des Griffels befand. Wachstafeln gab es in allen Größen, vom zweiseitigen Diptychon als Notizbuch bis zum vielseitigen Polyptychon. Viele schriftliche Dokumente der Antike, von der Rechnung bis zum literarischen Werk, sind auf Wachstafeln überliefert.

Direkte imkerliche Zeugnisse aus früher Zeit sind kaum erhalten. Alles in der Bienenhaltung ist relativ kurzlebig. Selbst was in den zahlreichen Bienenmuseen als unersetzliche Schätze gehütet wird, ist oft „nur“ 100, oder (wirklich sehr selten) 300 Jahre alt. Dennoch wird der Rutenstülper, aus Zweigmaterial verflochtener und mit Lehm verschmierter Bienenkorb, bereits für die Steinzeit nachgewiesen und der Fund eines Bienenkorbes in Norddeutschland (Feddersen Wierde) auf immerhin 800 bis 900 Jahre geschätzt, wobei sich die Historiker streiten, ob es sich wirklich um einen Rutenstülper oder eine Fischreuse handelt. Wenn auch aus dieser Zeit nördlich der Alpen wenig Beweismaterial vorliegt, lässt sich die Bedeutung der Imkerei durch den sprichwörtlichen Met-Durst der Germanen erahnen. Darin waren sie aber offensichtlich nicht alleine, denn auch in Keltengräbern fanden sich Überreste dieses Göttertrankes (Hochdorf).

Zeidlerei im Mittelalter
Auch wenn Bienenkörbe schon lange in Gebrauch waren, kann nicht ohne Weiteres von einer schonenden Nutzung der Honigbienen ausgegangen werden. Zum Ende der Korbimkerei im 19. Jahrhundert war es noch üblich, die Bienen zur Honigernte einfach abzutöten. Jedenfalls war bis ins ausgehende Mittelalter die Zeidlerei noch die vorherrschende Form der Imkerei. Dies war auch ihre Blütezeit. Sie wurde keineswegs wegen des Honigs ausgelöst, denn Wein wurde mittlerweile auch aus Trauben gekeltert. Das Bienenwachs bildete das Objekt der Begierde. Christliche Zeremonien machten es unentbehrlich und kirchliche wie weltliche Würdenträger, vermehrt ab 1200, benötigten es zunehmend für ihre Prachtentfaltung. Das einfache Volk musste sich mit Kienspan und Talgkerze behelfen oder nach Sonnenuntergang die Bettdecke über die Ohren ziehen. Wachs entwickelte sich zum puren Luxus.

Mit Bienenwachs wurden nicht nur Pachtzinsen, Mautgebühren und Steuern beglichen, es galt neben dem üblichen Metallgeld als vollgültiges Zahlungsmittel und begehrtes Tauschobjekt.

Bienen oder Kuh?
Im Frühmittelalter kostete ein Bienenvolk soviel wie eine Kuh und um 1600 stieg der Wachswert auf den zehnfachen Fleischpreis.

Freie oder leibeigene Zeidler, die wertsteigernder Bestandteil eines Lehens waren und mit dem Grund und Boden weitervererbt, verkauft oder verschenkt wurden, erhielten das Recht, im weitgehend noch wilden Forst, Bäume zu „lochen“. Mit einem Zeidlerbeil hieben sie Hohlräume in die Stämme, verschlossen die Öffnung mit einem Brett und markierten den Stamm mit ihrem Zeichen. Jetzt galt es nur noch, auf den Einzug eines Schwarmes und seine Honigschwere zu warten.

Kaiser Karl der Große soll eigens für seine Meierhöfe Zeidler bestellt haben, was den Stellenwert der Imkerei und seiner Produkte, allen voran des Bienenwachses, zeigt. Ein besonderes Privileg erteilte Kaiser Karl IV. den Zeidlern des Nürnberger Reichswaldes, auch „des Heiligen Römischen Reiches Bienengarten“ genannt. Mit der Zeit nahm die forstwirtschaftliche Bedeutung des Waldes immer mehr zu und die gelochten Stämme wurden verständlicherweise als Verlust angesehen. Die Zunftpflicht und immer höhere Steuern trieben die Zeidler zunehmend zur abgabenfreien Hausbienenzucht. Die abgesägten holen Stümpfe nahmen sie mit nach Hause (Klotzbeute). Letzte Formen der Zeidlerei wurden im waldreichen Preußen noch bis in die Mitte des 18. Jahrhunderts betrieben. Da war sie im übrigen Reich schon lange ausgestorben oder verboten.

Der Zeidler lieferte die kompletten Waben ab. Alles Weitere überließ er Spezialisten: den Wachsziehern und Lebzeltern (Lebkuchenbäcker). Anfangs meist als Doppelberuf ausgeübt, organisierten sich beide später in eigenen Zünften. Wachs und Honig wurden meist durch brutales Kochen, abgeschieden und über Reisig abgesiebt. Der mit Wasser verdünnte Honigseim bildete die Grundlage zur Met-Herstellung. Honig wurde zu Lebkuchen, Wachs zu Kerzen verarbeitet. Es gab aber auch Spezialbetriebe, die sich ausschließlich der Wachsvorverarbeitung widmeten, um die Produkte dann an Kerzenzieher weiterzuverkaufen.

Nach der Reformation

Mit der Reformation nahm der Wachsverbrauch rapide ab, obwohl auch protestantische Pfarren oft noch ihren Wachszins beibehielten. Für viele Bauern mag es als Kirchenzins immer noch entbehrlicher gewesen sein als Getreide. Am Wachs lässt sich in der Not halt nicht herunterbeißen. Der Dreißigjährige Krieg brachte den Niedergang der Imkerei. Spätere Herrscher erließen Gesetze und Verordnungen zur Förderung der Bienenhaltung, beispielsweise verpflichtet Friedrich I von Preußen seine Bauern Bienen zu halten.

Zuckerimporte durch den Überseehandel machten dem Honig als bislang einzigem Süßmittel immer mehr Konkurrenz. Die Entdeckung des Zuckers in der Rübe durch Andreas Sigismund Marggraf (1709–1782), ihre Züchtung zur Zuckerrübe und die Entwicklung bis zur industriellen Zuckerherstellung drängten den Honig noch weiter zurück.

Dem Bienenwachs war ein ähnliches Schicksal beschieden. 1824 meldet der Franzose M. E. Chevreul (1786–1889) ein Patent zur Abscheidung bestimmter Fettsäuren, speziell zur Kerzenherstellung an. Neun Jahre später entsteht die erste Fabrik zur Herstellung von Stearinkerzen, die bald Talg- und Unschlittkerzen ersetzen. Durch Destillation von Buchenholzteer wird 1819 erstmals reines Paraffin hergestellt und Mitte des 19. Jahrhundert wird von der ersten industriellen Paraffinherstellung in England berichtet. Kaum 50 Jahre später ersetzt Paraffin aus Erdöl das Stearin.

Nach Jahrhunderten der Bienenwachsbeleuchtung, ein Jahrhundert der Kunstwachsbeleuchtung – dann ein Jahrhundert elektrisches Licht. Schlechte Zeiten für die Imkerei?

Imkerlicher Umbruch im 19. Jahrhundert

Die Zeit des synthetischen Kerzenwachses ist auch die Zeit des imkerlichen Umbruches, der bis heute fortwirkt. Alle Erfindungen, die heute noch eine moderne Imkerei ausmachen, stammen aus dem 19. Jahrhundert und ist es Zufall, dass sie im Wesentlichen mit Waben und Wachs zu tun haben? Johannes Dzierzon (1811–1906) machte die Waben beweglich, indem er die Bienen an Stäbchen bauen ließ. Er wusste sicher nicht, dass die alten Griechen schon Ähnliches kannten. Baron August von Berlepsch (1815–1877) fasste die Wabe in ein Rähmchen. Immer noch erforderte die Honigernte die Zerstörung des Wabenbaues. Er wurde eingeschmolzen oder, die schonendere Art, ausgepresst. Honigernte war gleichbedeutend mit Wachsernte.

Erst mit der Erfindung der Honigschleuder durch den österreichisch-ungarischen Major Franz von Hruschka (1819–1888) war an den Honig unter Schonung des Wabenwerkes heranzukommen.

Die Wachsproduktion dürfte gegen Ende des 19. Jahrhunderts einen erheblichen Einbruch erlitten haben. Das Wachs erhielt für die Imkerei aber eine völlig neue Bedeutung. Es wandelte sich vom Nebenprodukt, das zur Aufbesserung des Einkommens beitrug, zusehends zu einem Betriebsmittel.

Das kam so: Dass die Drohnen nichts zur Honigleistung eines Bienenvolkes beitragen, war allgemein bekannt, ihre „Faulheit" geradezu sprichwörtlich. Trotzdem errichten die Bienen im Frühjahr, wo sie viel und gerne bauen, Unmengen von Waben mit großen Zellen, in die eine Königin ausschließlich unbefruchtete Drohneneier legt. Schreinermeister Johannes Mehring aus Frankenthal (1815–1878) kam auf die Idee, den Bienen das Baumuster der kleineren Arbeiterinnenzellen auf einer dünnen Wachsplatte vorzugeben. Mühevoll fertigte er aus Holz die zwei Hälften einer Gießform, brachte sie passgenau zusammen und goss die erste Mittelwand, die auch als „Kunstwabe" bezeichnet wird. Und siehe da – es funktionierte. Außerdem bauten die Bienen ihre Waben nicht nur drohnenzellenfrei, sondern auch viel akkurater in die Rähmchen. Doch bis zur Einführung in die imkerliche Praxis war noch ein weiter Weg. Selbst Altmeister Dzierzon, damals der Bienenpapst schlechthin, war nur schwer zu überzeugen. Holz eignet sich nun wenig zur Produktion von Gießformen. Das rief Bernhard Rietsche (1855–1912) aus Biberach/Baden auf den Plan, der mittels Galvanoplastik die Serienproduktion von Mittelwandgießformen ermöglichte. Mit seinen Söhnen entwickelte er die Technik bis zu Walzwerken weiter, die die Massenproduktion von Mittelwänden wesentlich verbilligten. Noch heute bauen die Nachfahren Rietsches Mittelwandmaschinen für die ganze Welt.

Bisher hatten die Bienen ihren Bau stets von neuem errichtet. Bei jeder Honigernte wurde er ihnen zum Teil oder vollständig genommen, jeder Schwarm musste seinen neuen Stock komplett neu mit Wabenwerk ausstatten. Seit der Erfindung der Mittelwand besteht der Wabenbau aus bis zu zwei Dritteln Recycling-Wachs. Ein Vorteil des imkerlichen Fortschrittes, der mit mancherlei Risiken erkauft wird. Altwaben können bienenspezifische Krankheitskeime enthalten und zu deren Übertragung von Volk zu Volk beitragen. Über Imkergenerationen können absichtliche (Wachsfälschung) oder unabsichtliche

Wunder Wabenbau
Erst Ende des 19. Jahrhunderts konnte der Honig geerntet werden, ohne das Wabenwerk zu zerstören!

Eine Biene mit relativ hellen Propolishöschen stärkt sich nach Rückkehr vom Sammelflug an einer Honigzelle.

Beimischungen oder Rückstände im Bienenwachs mitgeschleppt werden. Deshalb kommt der Bauerneuerung und dem kontrollierten, eigenen Wachskreislauf heute eine besondere Bedeutung zu.

Baustoffe im Bienenstock

Honigbienen und Hummeln zählen zu den wenigen Lebewesen, die ihren Baustoff im eigenen Körper selbst erzeugen: das Wachs. Darüber hinaus sammeln Honigbienen aber einen weiteren Baustoff, das Propolis, was sie zwar sparsamer einsetzen, das aber wichtige Funktionen im Bienenstock erfüllt und ein unvermeidlicher Bestandteil des geschmolzenen Bienenwachses bildet. Propolis hält durch seine sehr starke antibiotische Wirkung viele Krankheiten von den Bienen fern. Damit lösen sie, gepaart mit ihrem sprichwörtlichen Putzeifer, das Hygieneproblem, das unweigerlich entsteht, wenn zigtausende Individuen dicht zusammen leben. Wie Pollenhöschen sammeln die Bienen das Harz von Baumknospen (Pappeln, Rosskastanien und anderen), füllen damit alle Ritzen im Stock und überziehen das gesamte Innere mit einem dünnen Schutzfilm. Eindringlinge, die zu schwer sind, um sie zum Stock hinauszutragen, werden dick in Propolis einbalsamiert und manchmal dient es zu wehrhaften Verbauungen des Flugloches, wovon offenbar auch sein Name herrührt (pro = vor, Polis = Stadt).

Krank ohne Propolis
Ein Bienenvolk, dem gezielt das Propolis entzogen wird, wird unweigerlich krank.

Wo kommt das Bienenwachs her?

Zur Wachserzeugung besitzen die Honigbienen vier Paare spezieller Drüsen, die sich zwischen den 3. und 6. Bauchschuppen befinden. Sie sind als kleine, haarlose Flächen nur zu erkennen, wenn man den

Wachsblöcke gehören zum wertvollen Vorrat jeder Imkerei.

Hinterleib einer Biene etwas auseinanderzieht, auch bezeichnet als Wachsspiegel. Sie sind mit 10 000 bis 20 000 Drüsenzellen bestückt, die das Wachs unter Zuhilfenahme von Enzymen (Eiweiß) aus Kohlenhydraten synthetisieren. Dabei sind auch Zellen des Fetteiweißkörpers der Biene beteiligt. Im Alter von 12 bis 18 Tagen sind die Wachsdrüsen der Jungbienen am besten entwickelt und bilden sich bei der älteren Biene wieder zurück. Sie ist aber jederzeit und bei Bedarf in der Lage, die Wachserzeugung wieder aufzunehmen, wie dies zum Beispiel beim Flugling als Maßnahme zur Verhinderung des Schwärmens der Fall ist: Die Bienen sind relativ alt, ihre Wachsdrüsen haben sich schon längst zurückgebildet und sie haben keine Königin. Eigentlich dürften sie nicht bauen wollen oder können. Trotzdem tun sie es problemlos in bester und schnellster Ausführung. Weil der Bedarf es erfordert, bilden sich bei einigen Bienen die Wachsdrüsen wieder aus und eine neue Königin wächst auf der jungen Arbeiterinnenbrut, die der Flugling mitbekommen hat, als Nachschaffungskönigin heran. Dies verbreitet offenbar genügend „Optimismus“, um die Bautätigkeit wieder aufzunehmen.

Das Wachs tritt flüssig aus den Drüsen am Hinterleib der Bienen, um bei Luftkontakt rasch durch Oxidation zu erstarren. Die dabei entstehenden Wachsschüppchen haben genau die Form der Wachsspiegel. Sie lösen sich ab und treten zwischen den Bauchschuppen hervor, wo sie von der Baubiene in immer gleich verlaufenden, koordinierten Bewegungen der Beine abgenommen und zu den Mundwerkzeugen (Mandibeln) geführt werden. Sie weisen danach noch die Spuren der Schienenrandborsten der Hinternbeine auf, mit denen sie aus der

Bauchtasche befördert wurden. Viele dieser nur 0,0008 Gramm schweren und bis zu 1 mm dicken Wachsplättchen findet man, selbst über den Winter, in den Gemülleinlagen unter den Völkern. Obwohl die Bienen in der Regel nur bei Bedarf wie wachsender Volksstärke, fehlendem Platz für den Honig oder Tracht Wachs erzeugen, scheint eine gewisse Grundproduktion in kleinem Umfang immer stattzufinden.

Aus dem geringen Gewicht eines Wachsplättchens lassen sich die beeindruckendsten Rechnungen erstellen. So benötigt ein Bienenvolk zur Erzeugung von einem Kilogramm Wachs etwa 1,25 Mio. Wachsplättchen. Stellt eine Biene nur einmal ihre acht gleichzeitig entstan-

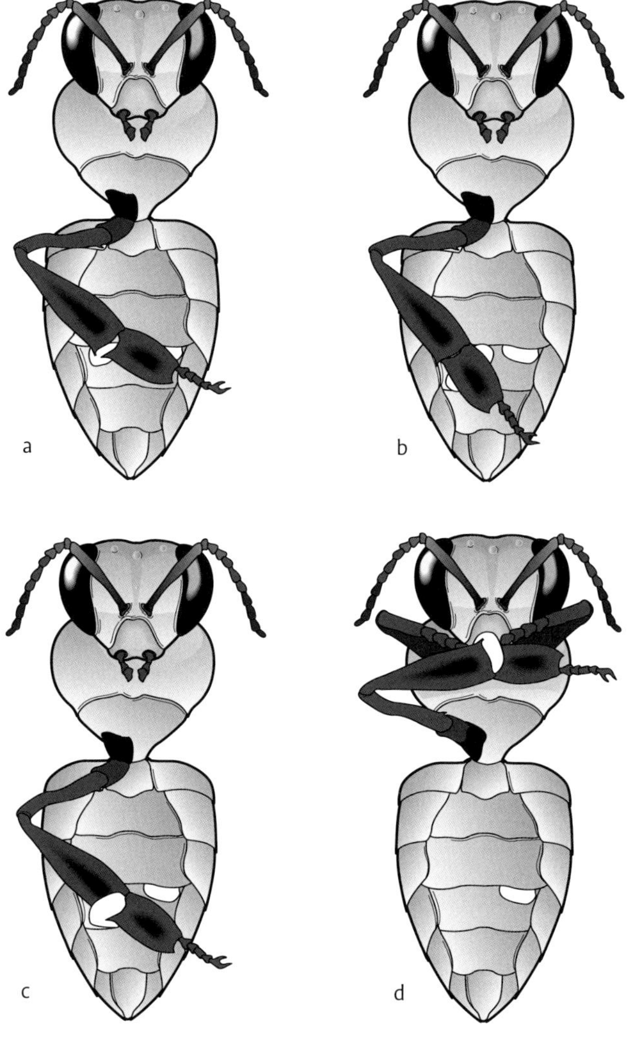

Die Biene lockert zunächst das Wachsplättchen aus der Bauchtasche (a) und schiebt es mit Hilfe der Fersenborste heraus. Danach nimmt sie es zwischen Pollenschieber und -kamm in die Zange (c) und führt es zu Vorderbein und Mundwerkzeugen.

Die Bienen erzeugen das schneeweiße Wachs in den Wachsdrüsen zwischen den Bauchschuppen.

denen Plättchen zur Verfügung, müssten sich 156 250 Bienen daran beteiligen – grob überschlagen drei komplette Sommervölker. Dieses Kilo Wachs böte, zu feinem Wabenwerk verbaut, die Speicherkapazität für etwa 30 Kilogramm Honig. Eine ausreichende Menge für ein starkes Volk, einen langen und harten Winter sicher zu überstehen.

Der Wabenbau

In der Stockwärme, die im Brutbereich etwa 35 °C erreicht, sind die kleinen Wachsplättchen optimal verform- und verklebbar. An der Decke der neuen Wohnung heften die Baubienen das erste Wachs in einer Linie an, die etwas schräg zum Flugloch hin verläuft. Auf dieser Linie wird eine erste Reihe von Haftzellen errichtet, die noch nicht die typische Sechseckform aufweisen, sondern je nach Bedarf als Vielecke ausgeformt werden. Die Baubienen nehmen zur Ausrichtung des Wabenverlaufes das Erdmagnetfeld zu Hilfe. Damit die Waben schön senkrecht hängen, nutzen sie die Schwerkraft, für die sie spezielle Ausformungen im Brustbereich besonders empfindlich machen. Dazu ketten sich immer mehrere, meist Hunderte, mindestens aber 50 Bienen zur sogenannten Bautraube, einem lebenden Lot, aneinander. An einer Wabe können zwei oder drei Bautrauben gleichzeitig in einer Wabenflucht anfangen, die am Ende zu einer einheitlichen Wabe zusammengeführt werden. Auch an den Nahtstellen der verschiedenen Bauabschnitte finden sich Wachszwickel und unregelmäßige Zellen, die nicht der sechseckigen Idealform entsprechen.

Beobachtet man die Bienen beim Bauen, stellt man ein heilloses Chaos fest. Umso erstaunlicher ist das Endergebnis. Jede Biene hält sich kaum eine Minute am gleichen „Bauplatz“ auf.

Die Bienen beginnen eine Wabe an mehreren Stellen gleichzeitig zu bauen. Die dunklen Bereiche deuten auf die Verwendung von Altwachs hin (siehe Seite 18).

Chaos – oder nicht??
Sobald eine Biene ein Stückchen Wachs angeklebt hat, eilt sie zum nächsten Ort, um etwas fortzuführen oder wieder abzumontieren.

Durch ständiges Aneinanderheften, Abtragen und Glätten entsteht Zelle um Zelle, deren Wandstärke ziemlich genau 0,073 mm beträgt. Dabei benutzen die Bienen ihre eigene „Schieblehre“: Mit den Mandibeln beklopfen sie die Wand und messen mit den Fühlern die Schwingung, bis die Dicke stimmt. Das Metermaß ist ihr eigener Körper. Sie baut um sich herum, was unweigerlich eine runde zylindrische Zellenform ergäbe. Aber rings um sie bauen weitere Bienen in gleicher Weise. So erhalten die rund „gedachten“ Zellen ihre typische Sechseckform. Dieses Sechseck steht übrigens nicht immer auf der Spitze, wie manche Imker behaupten, es kann über weite Strecken auch „falsch“ gebaut sein und auf der Seite liegen.

Nun hat jede Wabe zwei Zellreihen, deren Böden in der Mitte zusammenstoßen. Dieses Zellfundament baut der Imker in Form einer ≠0 nach, um den Bienen das Bauen von Drohnenzellen abzugewöhnen. Diese Mittelwände lassen den Aufbau auch recht gut studieren. Der Boden jeder Zelle bildet eine kleine, pyramidenförmige Vertiefung mit rautenförmigen Wänden. In der Mitte jedes Zellbodens stößt der Mittelpunkt dreier benachbarter Zellen zusammen. Jede von ihnen steuert ein Drittel ihres Zellbodens zum Gesamtboden der Nachbarzelle bei. Dadurch sind die Böden der gegenüberliegenden Zellen nicht gewölbt, sondern weisen die gleiche konkave Ausformung auf. Diese Verschachtelung, verbunden mit der sechseckigen Zellform, ist die geniale Voraussetzung, mit sparsamstem Materialaufwand und geringstem Raumbedarf die größte Stabilität und Speicherkapazität zu erzielen. Ein Konstruktionsprinzip das Mathematikern aller Zeiten Kopfzerbrechen bereitete und das in der modernen

Ingenieurstechnik, z. B. im Flugzeugbau, viele Nachahmer gefunden hat. Die Waben der Bienen sind aber doch noch etwas raffinierter und vollkommen an die Nutzung als Honigspeicher und Puppenwiege angepasst. Die Zellen steigen von der Mittelwand in einem Winkel von 8° an, damit nichts so leicht herauslaufen kann. Gegen das Herauslaufen des Honigs hilft weiterhin die Verdecklung der Zellen durch die Bienen kurz vor dem gänzlichen Füllen der Zelle mit Honig. Auch die Brut wird verschlossen, bevor sich die Larve zu strecken und einzuspinnen beginnt, wobei sie herausfallen könnte. Während die Honigverdeckelung einen nahezu luftdichten Verschluss bildet, sind die Brutzelldeckel porös und luftdurchlässig gearbeitet. Für die Verdecklung steht den Baubienen auch das Wachs zur Verfügung, das sie an den Zellrändern in Form eines kleinen Wulstes hinterlassen haben. Dieser Wulst überzieht als zusätzliches Stabilitätsgerüst das gesamte Sechseckgeflecht der Wabe als Netz.

Mit ihren Mundwerkzeugen formen die Bienen die dünnen Zellwände.

Der Wachswulst ist deutlich an jeder fertigen Wabe zu erkennen, die noch nicht verdeckelt wurde. Solange die Bienen aber noch an ihr bauen, erscheinen die Zellränder etwas rau und von den kleinen, soeben angehefteten Wachspartikeln ausgefranst. Ein wichtiger Anzeiger für den Zustand des Volkes.

Die Bienen bauen in zwei Zellgrößen. Das Standardmaß für die Arbeiterinnenzellen beträgt 5,2–5,4 mm im Durchmesser. Eine intakte Königin legt hier ausschließlich befruchtete Eier hinein, die zur Arbeiterin heranwachsen. Besonders im Frühjahr und Frühsommer bauen die Bienen gerne Drohnenzellen, wo immer sie eine freie Stelle dafür finden. Diese Zellen mit einer Weite von 6,2–6,4 mm belegt die Königin ausschließlich mit unbefruchteten Eiern, die sich zu Drohnen entwickeln. Beide Zellarten werden sowohl zur Brutaufzucht als auch zur Futterspeicherung verwendet. Der Vollständigkeit halber seien hier auch noch die Königinnenzellen erwähnt, die zur Wachserzeugung allerdings kaum etwas beitragen. Die nach unten offenen, napfförmigen Zellen („Weiselnäpfchen") werden von den Bienen nur im Bedarfsfall (Schwarmtrieb, Umweiselung) errichtet und später wieder abgetragen. Beim Verlust einer Königin werden über einigen Zellen mit jüngster Arbeiterinnenbrut sogenannte Nachschaffungszellen aufgebaut, um darin eine neue Königin nachzuziehen. Auch diese Zellen verschwinden wieder und die darunter liegende Arbeiterinnenzelle steht wieder ihren alten Funktionen zur Verfügung.

Hat die erste Wabe ein gewisses Baustadium erreicht, beginnen weitere Bienen rechts und links davon je eine weitere Wabe aufzuzie-

Resonanzboden
Erst seit wenigen Jahren ist bekannt, dass das Sechseckgeflecht der Zellränder den Tanzbienen als Resonanzboden dient, über den sie mit entfernteren Stockbienen kommunizieren können.

Eine Wabe dient der Unterbringung von Honig (oben), Brut (unten) und Pollen (dazwischen).

hen. Je nach Stärke des Schwarmes setzt sich das in der Weise fort, dass mehrere Waben gleichzeitig entstehen, wobei die mittlere Zentralwabe immer am weitesten im Bau fortgeschritten ist. Der Abstand von Arbeiterinnenwaben beträgt von Mitte zu Mitte etwa 35 mm. Bei einer Zelltiefe von 12 mm verbleibt zwischen den Waben ein Zwischenraum von 11 mm. Genügend Platz, damit zwei Arbeiterinnen bequem aneinander vorbei kommen. Drohnen brauchen mit 16 mm Zelltiefe etwas mehr Brutraum und Honigzellen können gar bis zu 40 mm tief sein. Man sieht also, der Wabenbau ist ein sehr flexibles Gebilde: Einerseits auf den Bedarf hin ausgerichtet, andererseits universell für Brutaufzucht und Futterlagerung (Honig, Pollen) einsetzbar.

Jungfernwachs
Frisches, weißes Wachs bezeichnet man auch als Jungfernwachs oder Jungfernbau, also Waben, in denen weder Brut aufgezogen wurde noch Honig oder Pollen gespeichert war.

Die Bienen verbauen übrigens nicht nur die frisch erzeugten, weißlich durchscheinenden Wachsplättchen, sondern auch älteres Wachs, aus Bereichen, wo es gerade nicht gebraucht wird. Man erkennt dies dann an der Farbe. Frisches Wachs ist schneeweiß.

Die dunklen Spuren, die das Verbauen älteren Wachses hinterlässt, weisen auf Trachtlosigkeit oder eine wenig zum Bauen animierende Tracht (zum Beispiel späte Tannentracht, Seite 32) hin.

Wachs entsteht also aus Kohlenhydraten oder einfacher ausgedrückt, durch die Verstoffwechslung von Honig. Aber wie viel Honig benötigen die Bienen für eine bestimmte Menge Wachs? Versuche mit Zuckerfütterung (Saccharose) haben gezeigt, dass der Energieeinsatz zwischen den Bienenrassen variiert. Unter Mitteleuropäischen Verhältnissen wurden Zucker:Wachs-Zahlen (Zuckerfütterung zu Wachserzeugung) zwischen 3:5 bis 13:1 ermittelt. Starken Völkern scheint die Bauerneuerung leichter zu fallen, denn sie setzen dazu weniger Energie ein als kleine. Diese Rechnungen haben bei manchen Imkern zu falscher Sparsamkeit geführt. Sie ließen ihre Völker einfach nicht mehr oder nur noch wenig bauen. Die bahnbrechenden Erfindungen des 19. Jahrhunderts (Rähmchen, Honigschleuder) machten es möglich und der Verfall des Wachspreises half mit. Doch diese Rechung geht nicht auf. Überaltertes Wabenmaterial kann zu einem Hygieneproblem und zur Beeinträchtigung der Honigqualität führen. Ein vitales Volk kann bei guter Tracht ohne merkliche Honigeinbuße den Lagerraum dafür in Form von Wabenzellen bauen und zwar in überraschender Geschwindigkeit.

Wichtig!
Bautätigkeit ist ein wichtiges Merkmal für die Vitalität der Bienen.

Will ein Bienenvolk trotz positiver äußerer Bedingungen, wie Tracht, Witterung und Platzangebot nicht bauen, ist es krank, ohne Königin oder es will schwärmen. Offensichtlich enthält die Königinnensubstanz Stoffe, die die Bautätigkeit in Gang setzen. Sie scheinen auch bei beginnendem Schwarmtrieb nachzulassen, denn das Einstellen des Bautriebes (besonders am Baurahmen) ist ein untrügliches Schwarmzeichen. Interessanterweise kehrt sich dies beim ausgezogenen Schwarm um: in keinem Lebensabschnitt eines Volkes äußert sich der Bautrieb so vehement wie beim Schwarm. Auch das zurückgelassene Volk findet wieder zur Bautätigkeit zurück, sobald die junge Königin mit der Eiablage beginnt und die Arbeiterinnen mit genügend Königinnensubstanz versorgt, die Tracht weitergeht und dies die Platzverhältnisse erfordern.

Technische Daten Bienenwachs

Farbe	Weiß (Jungfernwachs oder gebleichtes Bienenwachs: Cera alba) sonst Gelb bis Braun
Chemische Zusammensetzung	14 % Kohlenwasserstoffe 35 % Einfachester 14 % Doppelester 15 % sonstige Ester 15 % Fettsäuren Insgesamt über 300 Bestandteile, aber nur vier Bestandteile mit über 5 % Anteil, ungeachtet der flüchtigen Aromastoffe
Dichte	0,95–0,968 g/cm3
Schmelzpunkt	61–66 °C
Verdampfung bei	250 °C
Brechungsindex bei 75 °C	1,440–1,445
Säurezahl	17–23
Estherzahl	70–80
Peroxidzahl	mindestens 8
Löslich in	Äther, Chloroform, Tetrachlorkohlenstoff, ätherischen Ölen, Terpentinöl, heißem Fett, erwärmtem Alkohol (teilweise) oder Benzin

Wabenmanagement und Wachsernte

Da die Erzeugung von Presshonig eher selten geworden ist und sich auf Heideimkerei beschränkt, findet die Wachserzeugung heute nur noch im Rahmen der Bauerneuerung, der Drohnenbrutentnahme als Maßnahme der *Varroa*-Dezimierung und über das Endecklungswachs bei der Honiggewinnung statt. Durch die Verwendung von Mittelwänden hat man es bei dem aus Altwaben gewonnenen Wachs immer mit Recyclingwachs zu tun. Weißes Entdecklungswachs und das Baurahmenwachs des Drohnenrahmens hingegen ist überwiegend von den Bienen frisch erzeugt.

Früher wurde Honig gepresst, dies wird heute nur noch mit Heide- und Melizitosehonig gemacht.

Eigener, geschlossener Wachskreislauf

Teile des Wachses in den Bienenvölkern sind schon seit Generationen im Einsatz. Sie können aus aller Herren Länder stammen, denn Bienenwachs ist eine Ware, die schon lange global gehandelt wird. Bienenwachs kann fettlösliche Substanzen aufnehmen und speichern. Ab einem gewissen Sättigungsgrad können sie auch an den in den Wabenzellen gespeicherten Honig abgegeben werden. Mögliche Substanzen können hauptsächlich durch den Imker in den Bienenstock gelangen. Etwa durch Medikamente (Varroosebehandlung) oder die Wachsmottenbekämpfung. In beiden Einsatzbereichen kommen heute vermehrt wasserlösliche Stoffe (z.B. Organische Säuren) zum Einsatz oder es wird auf eine chemische Bekämpfung ganz verzichtet. Es können also nur noch Substanzen aus Landwirtschaft (Pestizide) und Umwelt ins Bienenvolk gelangen.

Für den vom Imker verantworteten Teil schreibt die EU-Bioverordnung den Umgang mit dem Bienenwachs vor. Dazu gehört die ausschließliche Verwendung von Bienenwachs aus ökologischer Erzeugung, die nur in der Umstellungsphase zugekauft wird. Alles andere wäre auch viel zu teuer.

An einem eigenen, geschlossenen Wachskreislauf führt also nichts vorbei und ist auch konventionell arbeitenden Imkern empfohlen. „Geschlossen" heißt in dem Fall: Es kommt kein fremdes Wachs unbekannter Herkunft in den Betrieb. Wenn eine Imkerei ihre Endgröße erreicht hat, zählt Bienenwachs ohnehin zum Ertrag und ist nicht mehr nur Betriebsmittel. Eine Ausnahme macht die Demeter-Imkerei, die keine Mittelwände zulässt. Das gewonnene Wachs fließt also nicht wieder in die Bienenvölker zurück.

Wie im Folgenden beschrieben, fällt Bienenwachs an den unterschiedlichsten Orten an und jedes ist qualitativ anders zu bewerten. Am reinsten ist das helle Jungfernwachs, das von den Bienen ohne Mittelwand als Wildbau errichtet wurde. Darauf folgen das Entdecklungswachs und der Drohnenbau. Diese Wachse werden bevorzugt zur Mittelwandherstellung separat eingeschmolzen. Das weiße Jungfernwachs eignet sich sogar besonders für medizinische und kosmetische Zwecke. Wachs aus Altwaben, das mitunter jahrelang im Volk verweilt, ist eher zur Herstellung von Kerzen oder anderen Anwendungen geeignet. Dabei muss man allerdings auf seine guten Eigenschaften bei der Verarbeitung verzichten, die sich durch den höheren Propolisgehalt ergeben (siehe Imkerliche Bienenwachsverarbeitung).

Bauerneuerung

Bienen bauen am besten im Honigraum, oder besser gesagt in der Reizzone zwischen Honiglager und Brut. Wird einem einräumigen Volk, etwa im Tausch gegen eine alte, unansehnliche Wabe, eine Mittelwand eingehängt, wird diese problemlos zur Wabe ausgebaut und in den Bienensitz einbezogen. Sobald das Volk zwei Räume besetzt, z. B. bei zweiräumiger Überwinterung oder nach der Frühjahrserweiterung, bauen die Bienen im unteren Raum nicht mehr oder nur zögerlich. Die vielleicht noch halb ausgebaute Mittelwand wird oft erst bei entsprechendem Druck durch eingetragenen Honig und gleichzeitigem Platzmangel in den Bienensitz integriert. Deshalb erfolgt die Erweiterung mit Mittelwänden immer oben. Unter normalen Trachtverhältnissen lockt man die Bienen durch einen Kern ausgebauter, honigfeuchter Waben in den aufgesetzten Erweiterungsraum. Nur bei massiven Trachten, wie die Rapstracht, werden auch ausschließlich mit Mittelwänden ausgestattete Erweiterungsmagazine angenommen. Bei aufkommendem Schwarmtrieb und nachlassender Bautätigkeit kann es sogar sinnvoll sein den Wabenanteil bei der letzten Erweiterung (4. Magazin) zu erhöhen. Die Tatsache, dass unten nicht

Ein Erweiterungsmagazin wird in der Mitte mit Waben, außen mit Mittelwänden ausgestattet.

gut gebaut wird, machten sich frühere Betriebsweisen zunutze, indem im Honigraum frisch ausgebaute Mittelwände mit Brutwaben des unteren Raumes getauscht wurden (Kuntzsch-Betriebsweise). Das kam der Bauerneuerung im Brutraum zugute und sorgte im Honigraum für einen stabileren Wabenbau. Ein wichtiger Punkt in Zeiten, in denen die Rähmchen nur unzureichend oder überhaupt nicht gedrahtet waren, die Honigwaben die Prozedur des Schleuderns aber möglichst heil überstehen sollten.

Mittelwände werden also vor der Erweiterung durch Tausch mit unbrauchbaren Waben oder überschüssigem Winterfutter (2–3 Mittelwände) und dann mit der Erweiterung (6–10 Mittelwände) gegeben. Ein Bienenvolk kann auf diese Weise also 8–13, in Ausnahmefällen und je nach Trachtangebot, auch 15 bis 20 Mittelwände in einer Saison ausbauen.

Rotationsverfahren

Die Wachsernte beginnt bei der Honigschleuderung, bei der etliche unbrauchbar gewordene Waben zum Einschmelzen frei werden. Das ist meist nach guten Trachten, vor allem Spättrachten, der Fall. Kommt im Sommer weniger Honig herein, rutscht das Brutnest nach oben und der untere Raum wird frei. Er enthält in der Regel die ältesten Waben des Volkes und kann komplett entnommen werden. Der „frische“ Wabenbau wächst gewissermaßen von oben nach. Ähnliches kann nach zweiräumiger Überwinterung passieren. Der Bienensitz wandert infolge von Futtermangel nach oben, das untere Magazin mit alten, teils verschimmelten Waben wird frei zum Einschmelzen, wobei Letztere ganz ausgeschieden werden.

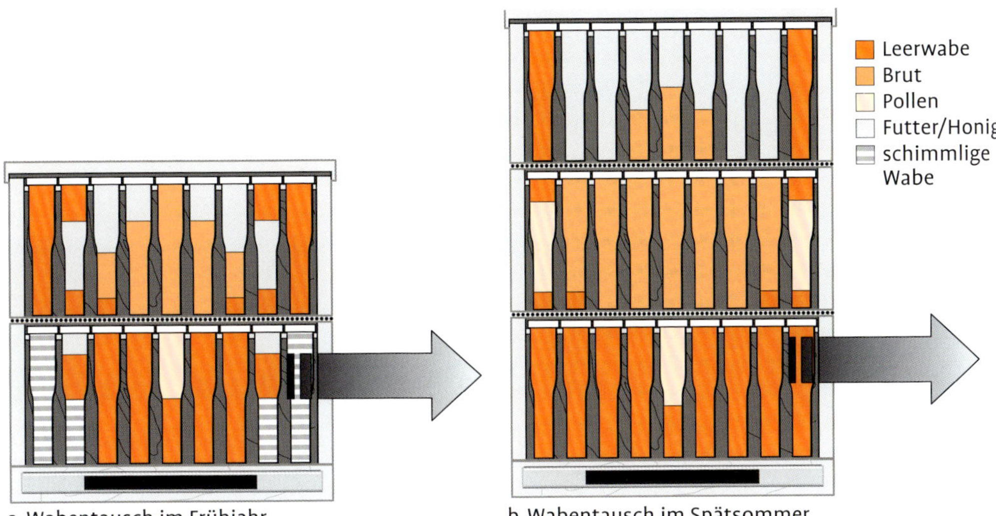

a Wabentausch im Frühjahr

b Wabentausch im Spätsommer

Bei einer der Frühjahrskontrollen und bei der Vorbereitung des Wintersitzes werden alle Völker einer kritischen Bewertung unterzogen. Was einen bestimmten Standard unterschreitet (Volkstärke, Brutbild, Sanftmütigkeit, Honigleistung) wird aufgelöst. Das heißt: die Bienen abkehren, die Brutwaben auf übrige Völker verteilen oder einschmelzen (*Varroa*), Futterwaben bevorraten, Honigwaben schleudern, Restwaben zur Wachsgewinnung ausscheiden. Dies ist natürlich nur möglich, wenn durch großzügige Jungvolkbildung für Ersatz gesorgt ist.

Zusetzen von Königinnen oder Aufpäppeln von Schwächlingen erübrigt sich. Und selbst wer keine Königinnenzucht betreibt, erhält immer nur die leistungsfähigsten und gesündesten Völker. Eine Sonderstellung bei der Erweiterung nimmt die Dadant-Betriebsweise ein. Die Waben des großen Brutraumes lassen sich nicht mit Honigraumwaben tauschen oder ersetzen. Das bedeutet, dass im Brutraum nach Aufsetzen des Honigraumes nicht mehr gut gebaut wird, andererseits die Honigraumwaben von den Brutraumwaben streng getrennt werden können – eine sinnvolle Strategie zur Vermeidung möglicher Rückstände im Honig. Die Erneuerung der Brutraumwaben muss also vor der Erweiterung und nach dem Einengen im Rahmen der Einwinterung erfolgen.

Im Frühjahr wandert das Bienenvolk häufig in das obere Magazin (links). Ähnliches passiert im Spätsommer, wenn die Bienen keinen Honig eintragen (rechts). Dies bietet zweimal im Jahr die Gelegenheit, die ältesten Waben in einem Zug zu entfernen.

Wichtig!
Das Rotationsverfahren sorgt für eine positive Auslese der Völker, die vitalen Jungvölker folgen nach.

Abkehren der Sommervölker

Diese Methode bietet sich besonders bei hohem *Varroa*-Befall und in Gebieten mit geringer Frühjahrsbautätigkeit an. Die Völker, oder ein Teil von ihnen, fegt man nach der Tracht komplett auf Mittelwände. Die Brut- und Futterwaben werden auf die übrigen Völker verteilt, bei hohem *Varroa*-Befall werden auch die Brutwaben mit den übrigen

Waben eingeschmolzen. Belässt man eine bis zwei offene Brutwaben bis zur Verdeckelung als Fangwaben zurück, erübrigt sich sogar eine *Varroa*-Behandlung. Durch sofortige, massive Flüssigfütterung (Zuckerwasser 1:1) reaktivieren die Bienen ihre Wachsdrüsen und bauen in frühjahrsmäßiger Geschwindigkeit die Mittelwände aus. Gleichzeitig entwickeln sie eine Bruttätigkeit, als wollten sie den Brutverlust schnellstens aufholen – und das gelingt ihnen auch. Die belassenen oder sogar mit der Brut verstärkten Völker erscheinen zu gleicher Zeit dagegen fast schon wie in der Winterruhe. Der 100 %ige Wabenaustausch dürfte einen Wachszugewinn erbringen, der mit der alten Stabilbauimkerei vergleichbar ist.

Baurahmen und Drohnenwaben

Nach Einführung der Mittelwand in die imkerliche Praxis wurde bald erkannt, dass die Bienen irgendwo eine Art Spielwiese benötigen, auf der sie sich mit dem Bauen von Drohnenzellen austoben können. Sie bauen dann die Mittelwände fehlerfreier und mit weniger hässlichen Drohnenzellnestern aus. Man muss den Bienen nur ein leeres Rähmchen, möglichst an gut zugänglicher Stelle, einhängen und schon geht es los. Der Baurahmen mit seinen Drohnenzellen lockt die Königin geradezu an, entsprechend leicht ist sie an diesem Ort zu finden. Auch der Schwarmtrieb ist einfach zu kontrollieren, denn die ersten Weiselzellen werden meist im Baurahmen errichtet. Und wird nicht mehr daran gebaut, ist das ein Alarmzeichen erster Ordnung: Die Königin will schwärmen, ist verloren gegangen, oder die Tracht ist versiegt.

Zur Erzeugung von Drohnenbau genügt es, einfach ein leeres Rähmchen einzuhängen.

Und das alles mit dem schönen Nebeneffekt der Wachsgewinnung, denn zum Schlüpfen kommen die Drohnen nicht.

Heute erlebt der Baurahmen wieder eine Renaissance im Zusammenhang mit der *Varroa*-Bekämpfung. Dieser Parasit zeigt eine gewisse Vorliebe für Drohnenbrut. Deren längere Verdecklungszeit erhöht sogar ihre Vermehrungsrate. Was liegt also näher, als die *Varroa*-Milben zunächst in den Drohnenzellen zu fangen? Das funktioniert am besten, wenn der Baurahmen ein mit Reißzwecke oder Farbklecks markiertes leeres Rähmchen, neben der schlüpfenden Arbeiterinnenbrut hängt. Ab vier Brutwaben und ausreichendem Bienenbesatz ist er mittendrin sogar noch besser platziert. Die Milben werden dort am besten angelockt, wo sie nach Verlassen der Arbeiterinnenzelle ein neues Brutquartier suchen. Beginnen die Bienen die Drohnenwabe zu verdeckeln, wird ein zweiter Leerrahmen eingehängt. So finden die Milben ständig offene Drohnenbrut vor. Ein Eintrag im Kalender verhindert, dass versehentlich Drohnen schlüpfen – Entwicklungszeit 24 Tage. Die verdeckelten Drohnenwaben werden im Sonnen- oder Dampfwachsschmelzer unmittelbar der Wachsgewinnung zugeführt. Für eine erfolgreiche *Varroa*-Dezimierung sollten im Laufe des Frühjahres mindestens drei Drohnenwaben je Volk entnommen werden. Starke Völker bei eifrigen Imkern schaffen es bei guter Frühjahrsentwicklung auch mal auf sieben bis acht.

Schwarm einlogieren

Im Schwarm entwickelt ein Bienenvolk den größten Baueifer. Deshalb soll hier auf seine Behandlung speziell eingegangen werden. Moderne Betriebsweisen zielen darauf ab, das Schwärmen zu verhindern. Dennoch geht immer wieder einmal ein Schwarm durch oder fliegt einem zu. Ist der Schwarm mit einem Schwarmfangkasten oder Korb gefasst, setzen Sie ihn in der Nähe der Ansitzstelle im Schatten ab, bis alle oder die meisten Bienen eingezogen sind. Bis zum Abend, wenn kaum noch Bienen fliegen, bringen Sie ihn an einen kühlen Ort wie Keller, Garage oder einen schattigen Platz.

Am vorgesehenen neuen Standort bereiten Sie eine leere Beute vor. Das kann durchaus in der Nähe des abgeschwärmten Volkes sein, denn die Schwarmbienen verlieren weitgehend ihre Orientierung zum alten Flugloch.

Vorgehensweise

Schritt 1. Stellen Sie ein leeres Magazin auf ein Bodenbrett mit kleinem Flugloch und bereiten sie daneben ein Magazin mit Mittelwänden und einen Beutendeckel mit Futtergeschirr vor. Stoßen Sie die Bienen mit einem Ruck in den leeren Raum und stellen Sie zügig das Mittelwändemagazin mit Deckel darauf. Restliche Bienen können auch vor das Flugloch abgeschüttelt werden.

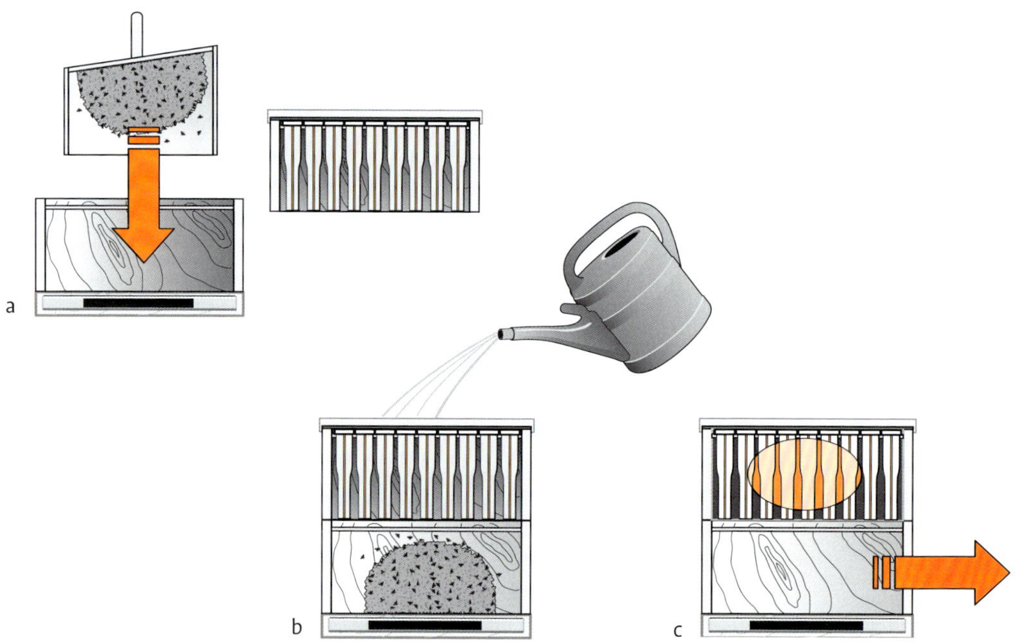

Einen Schwarm schlägt man auf den Boden einer leeren Zarge (a) und stellt sofort ein bereitgestelltes Magazin mit Mittelwänden auf. Ins Deckelfuttergeschirr wird ½ Liter Zuckerwasser (1:1) gegossen (b). Nach einigen Tagen das untere Leermagazin entfernen. Bei Trachtlosigkeit täglich weiter füttern.

Schritt 2. In das Futtergeschirr geben Sie etwa einen halben Liter Zuckerwasser (1:1). Der Schwarm bringt zwar Futter für drei Tage mit, oft ist aber ungewiss, wie lange er schon hing und wie viel Futter er noch übrig hat. Die Bienen bauen die Mittelwände zügig aus, solange sie ausreichend Futter zur Verfügung haben. Dazu ist es notwendig, den Futterstrom durch wiederholte kleine Zuckerwassergaben nicht abreißen zu lassen.

Schritt 3. Bei entsprechender Volksstärke und rechtzeitiger Erweiterung kann noch ein zweites oder drittes Magazin von Mittelwänden zum Ausbau kommen.

Wild- und Überbau

Obwohl den Bienen durch die Verwendung von Rähmchen und Mittelwänden gewissermaßen Korsettstangen eingezogen sind, gelingt es ihnen immer wieder Überbauten auf und zwischen den Rähmchen anzuheften. Je nach Beutentyp und Rähmchenkonstruktion können da übers Jahr ganz schöne Wachsmengen anfallen, die auch noch einen relativ hohen Reinwachsanteil aufweisen. Dieses Wachs hat vielleicht einen etwas höheren Propolis-Gehalt, der sich aber zumindest bei der Mittelwandherstellung nicht nachteilig auf die Wachsqualität auswirkt. Leider werfen viele Imker diese Wachsreste unachtsam weg. Deshalb gehört zu jeder Grundausrüstung des Imkers ein verschließbarer Behälter wie eine Dose oder ein Eimer, in dem die während ei-

Dem einen lästig, für den anderen erfreulicher Wachsgewinn – der Wildbau.

Manchmal werden auch helle Waben mit Propolis überzogen, die nach Reduzierung der Volkstärke im Herbst überflüssig werden.

ner Völkernachschau anfallenden Wachsreste gesammelt werden (siehe auch Seite 104, Bee Space).

Umgang mit Entdecklungswachs

Reifer Honig muss verdeckelt sein. Deshalb ist die Menge des Entdecklungswachses direkt an die Honigerntemenge gebunden. Wenig Honig = wenig Entdecklungswachs.

Der Honig, der je nach Methode mehr oder weniger mit dem Entdecklungswachs vermischt ist, tropft zunächst über Siebe ab. Für die

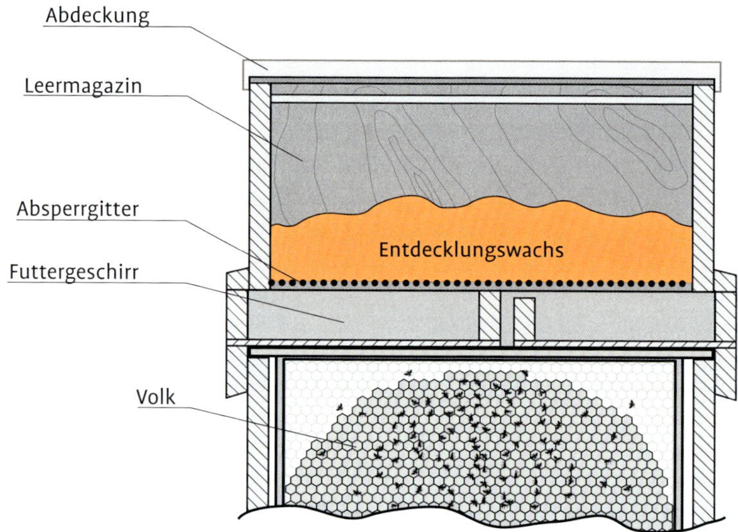

Mit Honig durchsetztes Entdecklungswachs lecken die Bienen am besten trocken, wenn es auf ein Absperrgitter über dem Futtergeschirr gegeben wird. Die sauberen Wachspartikel sammeln sich im Futtertrog, wo sie von Zeit zu Zeit entnommen werden.

Separierung von Resthonigmengen gibt es unterschiedliche Methoden. Spezielle Zentrifugen oder Pressen sind sehr teuer und nur für größere Erwerbsimker ab 100 Völkern und für hochpreisige Honigsorten lohnend. Vor dem Einsatz von Schleudern, die für einen anderen Zweck konstruiert wurden, ist zu warnen. Sie entsprechen unter Umständen weder den Sicherheits- noch den Hygieneanforderungen.

Vielfach ist es üblich, das honiggetränkte Deckelwachs einfach in die Futtergeschirre der Völker zu verteilen. Die Bienen lecken es oberflächlich trocken, verbauen es dabei aber zu unförmigen Klumpen, unter denen sich nach wie vor Honigreste verbergen. Diese müssen Sie mit dem Stockmeißel lösen und umdrehen, um den Bienen Zugang zu verschaffen. Das Ergebnis sind unschön mit Wachs verkleisterte Futtergeschirre, die nur mühsam wieder zu reinigen sind.

Besser funktioniert es auf folgende Art:

Auf ein Volk legen Sie einen Futtertrog mit Mittel- oder Frontaufstieg, darauf kommt ein Absperrgitter und ein Leermagazin. In das Leermagazin geben Sie auf das Absperrgitter eine gewisse Menge Honig-Deckelwachs und schließen das Ganze mit dem Beutendeckel. Die Bienen steigen in das Futtergeschirr ein und lecken das Deckelwachs unterhalb des Absperrgitters ab. Die trockenen Wachsflocken fallen ins Futtergeschirr und können dort einfach und sauber entnommen werden.

In einem anderen Verfahren kann der Honig in kaltem Wasser ausgewaschen werden. Nehmen Sie dazu einen Gips- oder Farbquirl zu Hilfe, wie er in jedem Baumarkt angeboten wird. Das nasse Wachs muss gut abgetropft und sofort geschmolzen werden, damit es nicht verschimmelt und verdirbt. Das eher dünne Honigwasser müssen Sie

Über einem Absperrgitter lecken die Bienen das Entdecklungswachs schön sauber, ohne es zu verklumpen.

mit reichlich Zucker aufbessern, um es vor zu rascher Gärung zu schützen und es für die Jungvölker attraktiver zu machen. An diese sollten Sie es in nicht zu großen Portionen zügig verfüttern.

Ein Direktverfahren, bei dem das Wachs bei der Separierung vom Honig gleich geschmolzen wird, ist bei den Wachsschmelztechniken beschrieben (siehe Infrarotschmelzer, Seite 54).

Lagerung der Waben

Bienenwachs ist nahezu unbegrenzt haltbar. In seiner Naturform, der Wabe, ist es aber höchst gefährdet, wenn diese auch nur ein einziges Mal bebrütet war. Eine frisch gebaute Wabe ist zunächst schneeweiß. Sie wird als Jungfernwabe oder Jungfernwachs bezeichnet. Die spätere goldgelbe Farbe erhält es durch die Einlagerung von Pollen. Gelb ist die häufigste Farbe der Pollen, deren Öl einen carotinhaltigen Farbstoff enthalten. Auch der Honig, der Propolisanteil und die Ablagerungen der Brut tragen zur Wachsfarbe bei. Jede Jungbiene wächst in einer Zelle auf, kotet ab, spinnt sich wie ein Schmetterling ein und beißt diesen Kokon nach der Metamorphose auf, um schlüpfen zu können. Während der Brutperiode belegt die Königin die leer stehende Puppenwiege sofort wieder mit einem Ei, aus dem nach 21 Tagen wieder eine Biene schlüpft.

Damit legen sich die Kokons der Bienengenerationen wie die Jahresringe eines Baumes übereinander und mit jeder Lage wird die Wabe dunkler und dunkler und dabei immer schwerer. Die Zellen werden immer kleiner, bis die Königin kein Ei mehr hinein legen kann oder daraus nur noch stubenfliegengroße Bienen schlüpfen. Letzteres kommt allerdings so selten vor, dass in der Imkerliteratur zur Dokumentation dieses Phänomens seit Jahrzehnten immer wieder das gleiche Foto abgedruckt wird. Immerhin sind es in einem Volk jährlich etwa eine viertel Million Bienen, die im begrenzten Brutnestbereich aufwachsen und ihre Puppenhemden hinterlassen.

Wachsmotten

Auf diese Puppenhemden, nebst Pollen- und sonstigen Hinterlassenschaften haben es die Wachsmotten abgesehen. In der freien Natur erfüllen sie sicher eine wichtige Funktion, nämlich verlassene oder abgestorbene, vielleicht auch kranke Bienennester zu entfernen und damit kommenden wilden Schwärmen neuen Wohnraum zu schaffen. Allerdings gelingt es ihnen nicht, die Amerikanische Faulbrut zu eliminieren, denn der Larvenkot enthält noch eine Menge Sporen, wenn das eingegangene Volk daran erkrankt war.

Entrümpelungsunternehmen
Wachsmotten bilden die Abbruchunternehmen im Lebenszyklus eines Bienenvolkes.

Die Imker haben es mit zwei Arten zu tun, der Kleinen *Achroia grisella* und der Großen Wachsmotte *Galleria melonella*. Während die Kleine Wachsmotte überwiegend im Bienenvolk zu Hause ist und als

Steckbrief Große Wachsmotte *Galleria melonella*

Familie: Zünsler *Pyralidae*, Unterfamilie *Gallerinae*

Falter (Weibchen) etwa 13 mm, Flügelspannweite 14–38 mm
Lebt 1 bis 3 Wochen, nachtaktiv ohne Nahrungsaufnahme
Legt über 1000 Eier (Ø 0,5 mm) in Gelegen von 50–200 Stück

Raupen (Larven) = Fressstadium
Länge: 1–30 mm
Kaum sichtbare Atemöffnungen (im Gegensatz zur Kleinen Wachsmotte)
Schlupf aus dem Ei ab > 9 °C
Wachstum ab 15 °C
Häutungen 8–10

Verpuppung
Papierähnlicher, fester, etwa 20 mm lange Kokons in Haufen und wabenähnlichen Stapeln
Entwicklungszeit:
140 Tage bei 20 °C
50 Tage bei 27 °C
Bis 8 Generationen pro Jahr

Überwinterung
als Ei und Larve

Auf den Gemülleinlagen der Völker findet man häufig Kotspuren, manchmal auch Raupen und Falter der Motten.

Brutschädling ihr Unwesen treibt, ist die Große Wachsmotte eher als Vorratsschädling bekannt, kann aber in wärmeren Klimazonen oder wenig wehrhaften Bienen, auch den Völkern direkt zusetzen. Der Schaden unterscheidet sich dann kaum von jenem ihrer kleinen Verwandten, ist jedoch viel gravierender. Die Larven fressen sich entlang der Mittelwand durch die verdeckelten Brutwaben. Befallene Waben erkennen Sie durch zickzackförmige Reihen erhabener Brutzelldeckel, der sogenannten Röhrenbrut. Öffnet man sie, zeigt sich das traurige Bild lebender, jedoch schlupfunfähiger Jungbienen. Ihr Hinterteil ist mit dem Mottengespinst verfilzt.

Die Mottenlarven lassen sich leicht aufstöbern, wenn man einige Zeit mit einem harten Gegenstand an die Wabe klopft. Die beunruhigte Mottenlarve verlässt die Brutzellen und stürzt zu Boden. Manchmal versucht sie sich auch an einem Spinnfaden abzuseilen. Die befallenen Larvengänge sind ab und zu mit einer sichtbar dünneren Verdeckelung versehen. Hinter diesen „Fenstern" lauert meist auch eine Mottenlarve. Die Verwendung von Gitterböden mit Gemüllschieber zur *Varroa*-Kontrolle bringt es mit sich, dass die Motten sich im ansammelnden Gemüll entwickeln und den Befallsdruck auf die Völker erhöhen. Die Bodenschubladen sollten deshalb regelmäßig gereinigt oder nur in der Zeit der *Varroa*-Kontrolle eingeschoben sein. In den kritischen Sommermonaten kommen die Bienen gut mit offenem Boden aus. In der ersten Winterhälfte begünstigt er sogar eine frühere Einstellung des Brütens als Voraussetzung für eine erfolgreiche *Varroa*-Winterbehandlung. Wird die Wachsmotte in warmen Regionen als großes Problem beschrieben, kommt sie in kühleren Gegenden, zum Beispiel über 1000 Meter Meereshöhe eher selten vor.

Wachsmottenbefall fängt mit einem harmlosen Gespinst an.

Es sind also die Großen Wachsmotten, die unseren Wabenbestand bedrohen und entsprechende Vorkehrungen erfordern. Sie ergeben sich automatisch aus den oben aufgeführten Punkten. Alle bebrüteten Waben werden aussortiert, denn nur für diese interessieren sich die Motten. Helle Waben oder Mittelwände fressen sie nur bei hohem Mottendruck an, wenn Sie oder Ihr Nachbar ein Hygieneproblem in Ihrem Bienenstand haben oder wenn sie zwischen dunklen Waben hängen.

Hinweis
Nach dem Aussortieren bebrüteter Waben gilt: alle unbrauchbaren so rasch wie möglich einschmelzen, denn dem Blockwachs können die Motten nichts anhaben. Alle übrigen, noch brauchbaren Waben, müssen vor Wachsmotten geschützt werden.

Beachten Sie auch, dass Sie zu einem behandelten und gesicherten Wabenvorrat keine Einzelwaben zugeben, die längere Zeit Motten zugänglich waren wie zum Beispiel eine am Bienenstand vergessene Wabe. Sie können große Mengen Falter angelockt haben und Tausende Eier in sich bergen. Mit solch einer Wabe können Sie in kürzester Zeit einen ganzen Wabenvorrat zunichte machen.

Immer häufiger werden Forderungen laut, bebrütete Waben grundsätzlich einzuschmelzen und die Erweiterung im Frühjahr, sowie die Ausstattung des Honigraumes ausschließlich mit hellen Waben und Mittelwänden vorzunehmen. Dies ist übertrieben und lässt mehrere fachliche Tatsachen außer Acht. Nicht in allen Regionen ist das Frühjahr so impulsiv, dass so verfahren werden kann ohne Entwicklungsnachteile der Völker hinzunehmen. Auch der Bautrieb ist sehr unterschiedlich und zwingt manche Imker zu sparsamerem Umgang mit dem Wabenvorrat. Nicht vergessen werden sollten Spättrachten, insbesondere Tannentrachten, die zum vorzeitigen Verhonigen des Brutraumes führen, wenn der Honigraum nicht mit braunen Waben ausgestattet werden kann.

Auf vielen Bienenständen findet man ein Wabenwerk vor, das wirklich nicht den Appetit auf Honig weckt. Jeder muss bei seiner Wabenauslese das richtige Maß für seine Trachtverhältnisse herausfinden. Es versteht sich von selbst, dass möglichst hohe Kriterien anzusetzen sind und im Honigraum überwiegend, wo es geht auch ausschließlich, mit hellen Waben gearbeitet werden muss.

Kühle und luftige Lagerung

Die Entwicklung der Wachsmotte ist temperaturabhängig. Deshalb sollten Sie für das Wabenlager einen möglichst kühlen Ort auswählen. Einige Profiimker haben sich Kühlräume eingerichtet in denen auch der Honig gelagert wird, bei dem durch die niedrige Temperatur der Enzymabbau gehemmt wird, was sich positiv auswirkt. Unter natürlichen Verhältnissen stehen Räume zur Verfügung, die 9, 10 oder 12 °C haben. In der Regel sind dies Kellerräume, aber auch Betongebäude, etwa Garagen, die dann noch etwas isoliert oder beschattet werden, bieten mitunter günstige Bedingungen.

Nun gibt es ein zweites Kriterium, das die Motten wenig lieben: Durchzug! Wenn Sie die Wabenstapel auf einen unten gelüfteten Git-

In hohen, gut gelüfteten Magazintürmen fühlen sich Wachsmotten nicht besonders wohl. Auf den Kontrollunterlagen verraten Partikel von Mottenkot einen Neubefall, der dann gegebenenfalls bekämpft werden muss.

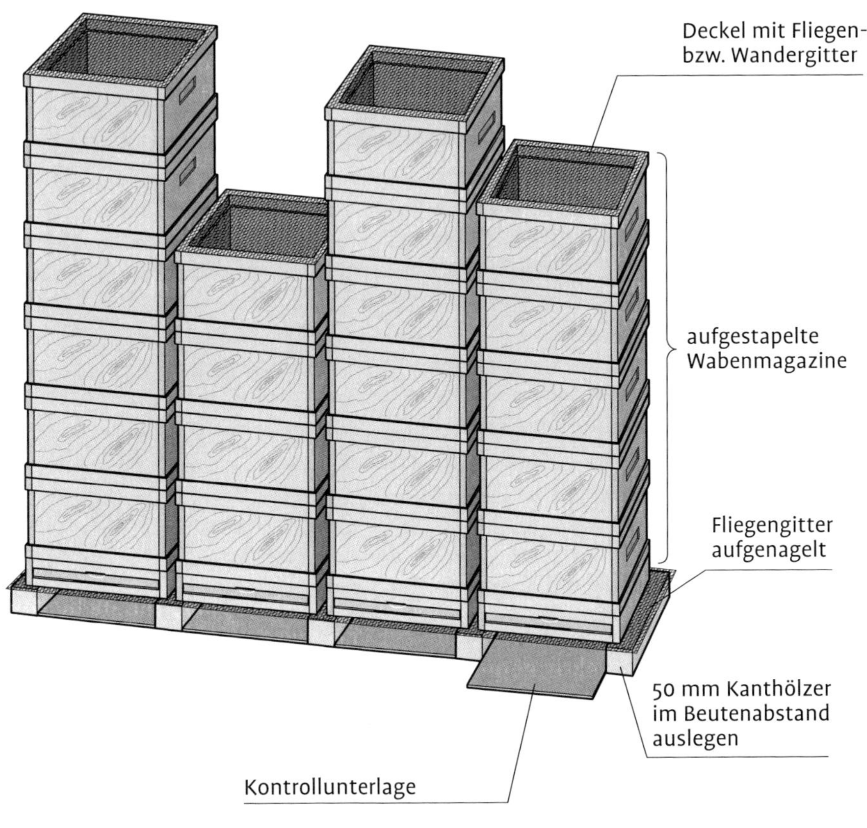

terboden stellen und mit einem Gitterdeckel abdecken, entsteht durch eine gewisse Kaminwirkung genügend Luftaustausch. Das Fehlen von zwei bis drei Waben pro Zarge und das Verteilen vom Rest der Waben mit größerem Abstand führt zu einer noch besseren Luftzirkulation. Keine Motte wird dann noch ein windstilles Plätzchen zum Fressen finden. Diese Methode ist jedoch nicht ganz sicher und erfordert eine regelmäßige Kontrolle. Eine Gemüllunterlage genügt, auf der Sie sehr leicht den herab gefallenen Mottenkot entdecken können. Haben sich die Motten einmal unbemerkt eingeschlichen, sind sie mit zunehmender Größe des Nestes in der Lage, genügend Eigenwärme zu erzeugen, sodass sie auch in einem kühleren Raum gut zurechtkommen.

Mit der Zeit werden Sie auch Erfahrungen mit der Mottenschutztauglichkeit Ihres Wabenlagers sammeln. Für den Notfall sollten Sie immer noch einen Plan B zur Hand haben, zum Beispiel Schwefeln. Deshalb ist es gut, wenn sich zu diesem Zweck Gitterböden und -Deckel durch Schieber oder Innendeckel verschließen lassen.

Wärme- oder Kältebehandlung

Ausreichende Kälte, aber auch Wärme kann alle Stadien der Mottenentwicklung, vom Ei bis zum Falter abtöten. Dabei ist es erforderlich, die Waben unmittelbar nach der Behandlung absolut mottendicht zu lagern. Stehen die Waben nur kurze Zeit offen, können bereits die ersten Falter unbemerkt ihre Eier ablegen. Verwenden Sie zur Kälte- oder Wärmebehandlung Magazine mit Deckeln und Böden, müssen auch diese behandelt sein. Da sie nie ausreichend dicht sind, sollten sie sorgfältig verklebt werden. Für geringere Wabenmengen können Sie auch dicht schließende Fässer, Plastiksäcke, ausgediente Kühlschränke oder -truhen benutzen. Selbstverständlich ist ebenso ein gediegen gearbeiteter Wabenschrank nach vorheriger Entmottung gut dazu geeignet. Kontrollieren Sie auch hier regelmäßig auf Motten und halten Sie, wenn nötig, Plan B bereit.

Zur Kältebehandlung genügt eine handelsübliche Tiefkühltruhe. Die Waben müssen mindestens zwei Tage auf -18 °C gefrostet werden. Da unterschiedliche Wabenmengen und Gerätekapazitäten zu unterschiedlichen Ergebnissen führen, sollten Sie die Kerntemperatur messen. Sind die erforderlichen -18 °C oder weniger erreicht, dauert die Behandlung noch mindestens 48 Stunden.

Die Wärmebehandlung ist etwas komplizierter, da hierfür keine handelsüblichen Geräte zur Verfügung stehen. Wärmeschränke sind nicht effektiv genug, weil nur Platz für eine geringe Wabenzahl darin ist, und sehr teuer. Am ehesten eignet sich ein Heizlüfter mit dem ein steter Luftstrom durch den Wabenstapel geblasen wird. Damit sind auch die Beuten einer notwendigen Behandlung unterzogen. Das wesentliche Problem dabei ist die Wärmesteuerung, denn die erforderliche Temperatur beträgt +48 °C, die über mindestens drei Stunden

(Kerntemperatur) auf die Waben einwirken muss. Keinesfalls darf die Schmelztemperatur des Wachses erreicht werden und auch dessen Entflammbarkeit ist bei der (Eigen-)Konstruktion der Wärmequelle zu berücksichtigen.

Neben diesen Temperaturbehandlungen wäre auch eine dauerhafte Lagerung in Kühlräumen bei +9 °C denkbar. Mottenlarven sterben dabei zwar nicht ab, können sich aber nicht mehr weiter entwickeln. Aus Investitions- und Energiekostengründen ist diese Methode nur dann zu empfehlen, wenn freie Kühlkapazitäten zur Verfügung stehen.

Schwefeln

Schwefel ist ein altes und probates Mittel zur Wachsmottenbekämpfung. Vorbehalte sind meist unbegründet. Schwefel ist nicht nur leicht flüchtig, sondern auch wasserlöslich. Er geht also mit dem Wachs keine Verbindung ein und einige Wochen nach der Behandlung der Waben ist er bereits auf eine bienenverträgliche Konzentration abgesunken. Wenige Tage danach reicht kurzes Lüften, bevor die Waben wieder in ein Bienenvolk gegeben werden. Schwefeldioxid, das beim Abbrennen der Schwefelstreifen entsteht, verbindet sich mit Wasser zu Schwefelsäure. Diese überlebt keine Larve der Wachsmotte, wohl aber ihre Eier. Deshalb müssen Sie Schwefelbehandlungen in Abständen von jeweils drei Wochen zweimal wiederholen, um eine sichere Wirkung zu erzielen. Je trockener die Waben, desto weniger Schwefelsäure kann sich bilden und umso unproblematischer ist die weitere Verwendung im Bienenvolk für die Bienen.

Feuer in der Nähe von Waben ist hochgefährlich. Deshalb sollten Sie zum Abbrennen der Schwefelstreifen alle nötigen Vorkehrungen treffen. Das betrifft vor allem die Verwendung spezieller Schwefeldosen, die in ein leeres Magazin über dem Wabenstapel oder einen freien Platz oben in den Wabenschrank gestellt werden. Genügend

Wichtig

Die Feuergefahr und die Gasentwicklung beim Schwefeln sollten bei der Wabenlagerung im Wohnhaus, etwa im Keller, zu besonderer Vorsicht mahnen lassen. Wachs brennt, einmal entzündet, wie Petroleum. Ist der Raum nicht gut zu lüften, ist es besser, nach einer anderen Lager- oder Bekämpfungsmöglichkeit zu suchen.
Andernfalls wäre dringend eine Zwangsentlüftung anzuraten. Ein Feuerlöscher in der Nähe des Wabenlagers, unabhängig von der Art der Wachsmottenbekämpfung, ist dringend anzuraten.

Abstand nach allen Seiten verhindert ein Entflammen von Waben oder Holzteilen. Nach dem Entzünden sollten Sie den Raum umgehend verlassen, da die Schwefeldämpfe erheblich die Atemwege reizen. Man sollte sich jedoch wiederum nicht zu schnell entfernen und nach der etwaigen Abbrennzeit kontrollieren, ob alles in Ordnung ist. Manches Bienenhäuschen ging schon durch unachtsamen Umgang mit dem Schwefelstreifen in Rauch auf.

Schwefelstreifen oder -Schnitten erhalten Sie im Imkerei- oder Kellereifachhandel sowie in Drogerie und Apotheke. Zur Dosierung wird je Zarge ¼ Schwefelstreifen gerechnet.

Schwefel ist nicht als Insektizid zugelassen. Er sollte deshalb nur im äußersten Notfall (akuter Massenbefall) zum Einsatz kommen. In der Regel sind die übrigen Methoden und Mittel zur Vorbeugung und Eindämmung des Mottenbefalls ausreichend.

BT (Bacillus thuringiensis)

Diese sporenbildende Bakterienart wurde bereits 1911 entdeckt und seit 1938 zur Schädlingsbekämpfung eingesetzt. Sie tötet Schmetterlinge und Moskitos, ist jedoch völlig ungefährlich für Bienen und Säugetiere. Es war also naheliegend, dieses Bakterium gegen die Große Wachsmotte auszuprobieren. Dabei gelang es, einen besonders wirksamen Typ zu selektieren: Bacillus thuringiensis var. aizawai, Serotyp 7. Die Sporen enthalten sogenannte delta-Endotoxin-Kristalle. Nimmt die Wachsmottenlarve beim Fressen die Sporen auf, gelangt auch dieser Giftstoff in ihren Darm. Die Darmwände werden zerstört und die Larve stirbt ab. Die Wirkung auf junge Larven ist größer als auf ältere. Die Kleine Wachsmotte (*Achroea grisella*) reagiert auf diesen Wirkstoff weniger gut, das heißt, sie verträgt ihn besser.

Bacillus thuringiensis ist nicht nur für die Bienen, sondern auch für die Wachs- und Honigqualität völlig unbedenklich. Deshalb ist dieser Wirkstoff sogar in der Bioimkerei zugelassen. Auf dem Markt ist das Präparat B 401. Das unverdünnte Präparat hat bei Zimmertemperatur eine Haltbarkeit von etwa 18 Monaten.

Nach Gebrauchsanweisung fertigt man eine Emulsion, mit der die trockenen, nicht mehr honigfeuchten Waben beidseitig eingesprüht werden. Zur Vermeidung von Schimmel müssen die Waben im Schatten trocknen, bevor sie wieder in den Wabenschrank oder in die Magazine zurückgehängt werden. Direkte Sonneneinstrahlung beeinträchtigt die Wirkung und die angemischte Sprühflüssigkeit ist sofort zu verbrauchen. Die Wirkung hält zwei bis drei Monate an.

Erst wenn Mottenlarven die Bakteriensporen mit dem Wachs aufnehmen, tritt die Schädigung ein. Deshalb kann es immer zu geringem Mottenfraß kommen, der jedoch ohne Weiteres tolerierbar ist. Wegen der schwächeren Wirkung auf große Mottenlaven sind BT-Präparate unbedingt prophylaktisch anzuwenden. Es würde sonst zu lange dauern, bis sie die nötige Wirkstoffmenge aufgenommen haben.

Essigsäure und Ameisensäure

Chemische Bekämpfungsmittel wirken meist schlecht bei Motteneiern, Essig- und Ameisensäure hingegen sehr gut auf Eier und Falter, aber relativ schlecht auf die Larven. Die Behandlung mit diesen Säuren muss deshalb sofort nachdem die Waben dem Stock entnommen wurden erfolgen. Sind bereits die ersten Larven zu sehen, gilt es mit einem anderen Mittel (z.B. Schwefel) zu retten, was noch zu retten ist.

Die Säure wird auf Schwammtücher geträufelt, die zwischen die Wabenmagazine gelegt werden. Eine Behandlungswiederholung nach zwei Wochen ist zu empfehlen. Die Begasung sollte in der Wärme erfolgen, damit genügend Säure verdunstet. Die weitere Lagerung der Waben empfiehlt sich in einem möglichst kühlen Raum.

Ameisen- und Essigsäure kann im obersten Magazin über dem Wabenstapel mit einem Schwammtuch oder einem gängigen Ameisensäureverdunster aus der Varroabekämpfung eingebracht werden.

Essigsäure kommt in 60–80 %iger Konzentration zum Einsatz. Sie hat den Vorteil, dass sie auch eine Reihe von Krankheitserregern, insbesondere *Nosema*-Sporen und Viren eliminiert und die Bildung von Pollenschimmel verhindert. Die Aufwandmenge beträgt 20 ml je 10 Liter Kastenvolumen. Ameisensäure ist in vielen Imkereien vorhanden. Zur Mottenbekämpfung wird die 85 %ige in der Dosierung von 8 ml je 10 Liter Rauminhalt verwendet.

Vergrämung

Manche Imker versuchen die Motten mit den verschiedensten Mitteln fernzuhalten. Unter bestimmten Rahmenbedingungen kann dies auch ganz gut funktionieren. Sind die Waben schon einmal besonders kühl, zum Beispiel im Keller und noch luftig in gittergeschützten Wabenstapeln gelagert, genügt wenig, um die Motten fernzuhalten. Es handelt

Wichtig

Essig- und Ameisensäure sind stark ätzend, ihre Dämpfe dürfen nicht eingeatmet werden. Säurebeständige Schutzhandschuhe und Schutzbrille sind beim Hantieren mit Säuren obligatorisch. Mittlerweile sind die Imker im Umgang damit recht geübt, behandeln sie doch schon seit Jahren die *Varroa*-Milben mit der besonders gefährlichen Ameisensäure. Vorsicht sollte man trotzdem oder erst recht walten lassen.

sich dabei um die gleichen Kräuter und Düfte, die auch beim Kampf gegen Motten im Haushalt zum Einsatz kommen. Entweder mögen die Motten den Geruch nicht oder er überdeckt den Wachsduft und sie finden ihre Beute nicht. Die einen legen zwischen jede Wabenreihe und in den Boden Lavendelblüten, auch nach dem Verblühen abgeschnittene Blütenstängel auf Zeitungspapier, andere verwenden reichlich Walnuss- oder Farnblätter zwischen jeder Zarge. Bei bereits von Wachsmotten befallenen Waben helfen diese Abwehrstoffe nicht. Erhöhte Aufmerksamkeit und regelmäßige Kontrollen in kurzen Abständen sind daher zu empfehlen.

Chemische Bekämpfung

Imker haben bisher nur wenige Skandale verursacht. Einer hing allerdings mit der chemischen Wachsmottenbekämpfung zusammen. Der bis vor einigen Jahren noch übliche Einsatz von Paradichlorbenzol führte zu der wenig werbewirksamen Schlagzeile in der Bildzeitung: „Klosteine im Honig". Weitere problematische Chemikalien wie Dibrommethan kamen und kommen noch weltweit zum Einsatz.

Fettlösliche Wirkstoffe lagern sich im Wachs an und können bei entsprechender Anreicherung auch in den Honig gelangen, wenn die Mittelwände aus derart belastetem Wachs gefertigt wurden. Deshalb ist diese Gruppe der chemischen Motten-Kampfstoffe zur Anwendung bei den Bienen nicht zu empfehlen. Wasserlösliche Stoffe, wie z. B. organische Säuren, binden sich nicht an das Wachs und finden so auch nicht den Weg in den Honig über das Wachs.

Rückstände nicht zugelassener Stoffe im Honig können zu einem Verkaufs- und Verzehrverbot führen. Die Palette der oben beschriebenen Bekämpfungsmittel sollte in der Imkerpraxis ausreichen, zumal wenn sie mit den physikalischen Verfahren kombiniert und in eine den örtlichen Gegebenheiten angepasste Strategie eingebaut werden.

Wachsmottenbekämpfungsmittel im Vergleich

Mittel	Wirkung auf:			
	Eier	Junglarven	Altlarven	Falter
Schwefel	0	++	++	++
Bacillus thuringiensis	0	++	+	0
Essigsäure 60–80 %*	++	+	+	++
Ameisensäure 85 %	++	+	+	++
Kältebehandlung –18 °C/48 Stunden*	++	++	++	++
Wärmebehandlung +48 °C/3 Stunden	++	++	++	++
Trichogramma	++	0	0	0

0 = keine Wirkung; + = geringe Wirkung; ++ = gute Wirkung
*) zusätzliche Wirkung gegen Krankheitserreger

Wichtig

An dieser Stelle muss auch davor gewarnt werden, Mittel zu verwenden, die für die Bekämpfung anderer Mottenarten, zum Beispiel Kleidermotten bestimmt sind. Die dafür eingesetzten Wirkstoffe können bienengefährlich sein! Der dadurch entstandene Schaden wird nach Wiederverwendung der Altwaben vom Imker häufig nicht einmal erkannt.

Sonstige Bekämpfungsmethoden

In der Maiszünslerbekämpfung, bei der auch Bacillus thuringiensis zum Einsatz kommt, wird schon seit Jahren auch mit *Trichogramma*-Schlupfwespen gearbeitet. Diese lassen sich ebenfalls zur Wachsmottenbekämpfung einsetzen. Wer über die Landwirtschaft Zugang zu *Trichogramma brassicae* hat, sollte durchaus einmal damit Versuche machen. Der Fachhandel für biologische Bekämpfung von Vorratsschädlingen bietet die Art Trichogramma evanescens an. Diese 0,3–0,4 mm kleinen Schlupfwespen parasitieren nur die Eier der Motte und sind nicht wirksam gegen Larven oder adulte Tiere. Deshalb sollten Sie die Kärtchen mit je etwa 3000 *Trichogramma*-Eiern nicht nur im, sondern auch außen direkt am Wabenstapel anbringen. Da sich die Schlupfwespen normalerweise nicht ausreichend vermehren, sind regelmäßig neue Ei-Karten einzusetzen. Dies ist nicht billig und erfordert eine enge Absprache mit dem Lieferanten. Der Einsatz, für den es kaum Erfahrungen gibt und für den noch das nötige Fachwissen erarbeitet werden müsste, käme allenfalls für Großimkereien und Betriebe in Frage, die in großen Mengen Altwaben lagern und verarbeiten.

Der Versuch, die Motten mittels Pheromonfallen zu fangen oder zu verwirren, wie dies beim Pflanzenschutz im Weinbau gegen den Traubenwickler gemacht wird, ist bis jetzt fehlgeschlagen. Das könnte daran liegen, dass sich bei den Wachsmotten die Geschlechtspartner nicht nur durch Abgabe und Aufspüren von Pheromonen finden, sondern offenbar auch Ultraschallsignale einsetzen.

Zur Entwicklung neuer Bekämpfungsmöglichkeiten und -strategien gäbe es noch viel Forschungsbedarf. Verglichen mit anderen Mottenschädlingen sind die Verluste durch Wachsmotten allerdings relativ gering. Es wird wohl noch eine Zeit dauern, bis sich jemand ernsthaft mit dem wichtigsten Vorratsschädling der Imkerei beschäftigt.

Gewinnung von Bienenwachs

Bei der Verarbeitung der Altwaben gilt es, das reine Wachs von den Brutrückständen (Nymphenhäutchen) und anderen Verunreinigungen wie Pollen- und Honigresten, zu trennen. Als Extraktionsverfahren wird dazu meist das Einschmelzen angewendet. Durch zusätzliches Pressen oder Zentrifugieren des heißen Tresters kann die Ausbeute noch erhöht werden. Es gibt Techniken, die das Wachs elektrisch oder mittels Sonnenenergie schmelzen. Andere arbeiten mit Dampf oder direkt im kochenden Wasser. Wasserdampf erreicht höhere Temperaturen, erfordert aber auch größere Vorsicht, besonders hinsichtlich der Vermeidung von Überdruck und beim Öffnen der dampfgesättigten Schmelzbehälter. Direkt im Wasser geschmolzen lässt sich der Trester noch ausschwemmen, was zu einem gewissen Grad zusätzliches Pressen ersetzt. Andererseits besteht beim Kochen des Wachses im Wasser die Gefahr der Verseifung. Seife entsteht beim Verkochen von Fetten und Laugen. Deshalb darf Wachs nicht zu lange kochen und es sollte möglichst nur mit weichem Wasser, am besten Regenwasser, in Kontakt kommen. Die Verseifung kann durch Säurebehandlung zumindest teilweise wieder rückgängig gemacht werden (siehe Feinreinigung und Schönen durch Zusätze). Verseiftes Wachs macht sich als weiche, krümelig bis schmierige Masse an der Unterseite des Wachsblockes bemerkbar. Möglichst kurze Hitzeeinwirkung ist auch zur Schonung der leicht flüchtigen, wachsspezifischen Aromastoffe anzuraten. Zu hohe Temperaturen, die beim wasserfreien Schmelzen erreicht werden, können, insbesondere bei längerer Einwirkung, das Bienenwachs dunkel färben und ihm einen Geruch nach Verbranntem verleihen.

Neben den Schmelzmethoden gibt es auch die Möglichkeit durch Frosteinwirkung das Wachs von den Nymphenhäutchen der Brut zu trennen.

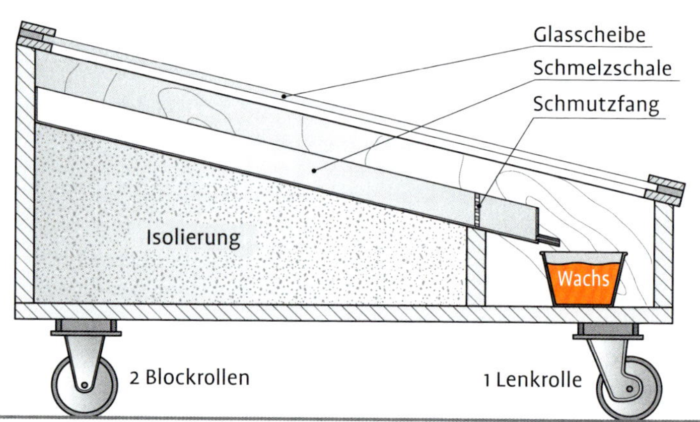

Ein Sonnenwachsschmelzer auf Rollen kann immer nach dem Sonnenstand ausgerichtet und bei Schlechtwetter in die „Garage“ gefahren werden.

Ein geräumiger, gut funktionierender Sonnenwachsschmelzer ist für die Wachserzeugung unentbehrlich. Modellzeichnung auf Seite 42.

Chemische Extraktionen sind Labormethoden, die allerdings auch Stoffe aus Brutrückständen, Pollen und Propolis abtrennen können. Als Lösungsmittel kommen unter anderem Benzin oder Xylol zum Einsatz. Mit diesen Verfahren lassen sich die Ausbeutesätze der verschiedenen Schmelzverfahren untersuchen und vergleichen.

Bei Schmelzmethoden, die ohne Wasser arbeiten wird gelegentlich empfohlen, die Waben vorher in weichem Wasser (Regenwasser) einzuweichen. Dabei sollen sich die Nymphenhäutchen voll Wasser saugen und verhindert werden, dass sie beim Schmelzvorgang zu viel Wachs aufnehmen. Das hat aber auch Nachteile. Es werden unerwünschte Brutrückstände herausgelöst und das Wasser erfordert höhere Energiemengen, bis der Wachsschmelzpunkt erreicht ist. Wo möglich (beim Sonnenwachsschmelzer) sollten Sie also besser trocken schmelzen, auch wenn dabei vielleicht ein paar Gramm Wachs verloren gehen.

Sonnenwachsschmelzer

Die Imker können für sich eine Vorreiterrolle in der Nutzung der Sonnenenergie in Anspruch nehmen, wenn es darum geht, das Wachs zu gewinnen.

Dazu werden hinter einer Glasscheibe vor dunklem Hintergrund hohe Temperaturen erzeugt, die das Wachs zum Schmelzen bringen. Jeder kennt das von seinem Auto, das einige Zeit in praller Sonne steht. Zur Hitzeerzeugung genügt eine einfache, vielleicht etwas dickere Glasscheibe. Doppelglasfenster isolieren zwar besser, behindern aber die Durchlässigkeit der Sonnenstrahlen.

Unter der Glasscheibe des Sonnenwachsschmelzers, die in einen Deckel gefasst ist, befindet sich eine Schmelzfläche oder Schale, die gleichzeitig als Absorber fungiert. Der Sonnenwachsschmelzer sollte

Hätten Sie's gewusst?
Sonnenwachsschmelzer waren bereits im Einsatz, als die Solartechnik in der Bevölkerung noch weitgehend unbekannt war.

deswegen nie ganz voll gefüllt werden. Nur wenn ein Teil der dunklen Fläche frei bleibt, kann sich eine größtmögliche Hitze entwickeln. Als Schmelz- und Absorberfläche eignet sich am besten ein emailliertes Blech oder eine Schieferunterlage, die auch aus mehreren Einzelflächen dachziegelartig zusammengesetzt sein kann. Schwarz gestrichenes Material eignet sich weniger, da die Farbe beim Ausräumen des Tresters leicht abblättert. Eisenhaltiges Material würde das Wachs braun verfärben.

Unterhalb der etwas schräg gestellten Schmelzfläche wird eine Auffangschale mit etwas Wasser untergestellt, die am besten aus Edelstahl gefertigt sein sollte. Mehrere solcher Schalen machen das Entleeren des Sonnenwachsschmelzers durch einfaches Wechseln derselben besonders rationell. Soweit im Imkereifachhandel nicht angeboten, können auch Königskuchen- oder Kastenbrotformen aus dem Haushaltswarenfachgeschäft verwendet werden, wobei sich solche aus Silikon besonders leicht entleeren lassen.

Der Kasten, den die gesamte Schmelzeinheit umgibt, sollte am Boden und an den Seiten gut mit hitzebeständigem Material, etwa Mineralwolle, isoliert sein, um die Wärme besser zu halten.

Die optimale Ausrichtung des Sonnenwachsschmelzers ist eine etwa rechtwinklige Sonneneinstrahlung. Viele Modelle sind auf ein drehbares Stativ montiert, das massiv im Boden verankert wird. Damit kann die Schmelzfläche der laufend sich ändernden Sonneneinstrahlung nachgeführt werden. Besser ist es allerdings, den Sonnenwachsschmelzer mit Rollen oder Rädern, zwei starre und ein bis zwei lenkbare, auszustatten. Das macht ihn noch flexibler und bei schlechtem Wetter oder während der kalten Jahreszeiten fährt man ihn einfach in die „Garage“. Dadurch hält er auch länger, besonders wenn er aus Holz gefertigt wurde.

Die im Fachhandel angebotenen Sonnenwachsschmelzer mit Doppelstegplatten aus transparentem Kunststoff, entwickeln nicht ganz die Hitze der mit Glas gedeckten Geräte. Rationelle, geräumige Son-

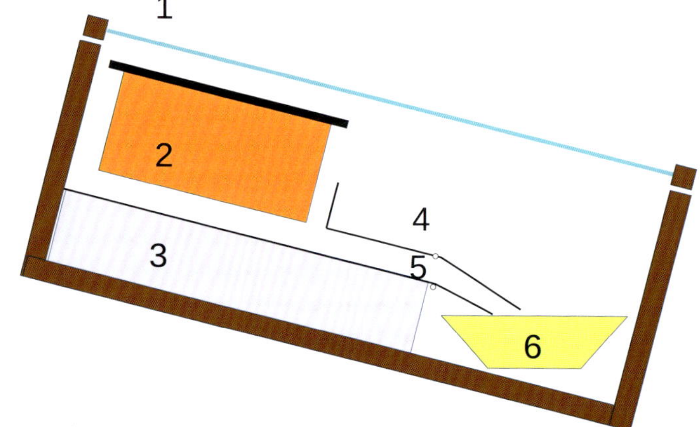

Modell eines Grossraum-Sonnenwachsschmelzers für ca. 20 Waben
Der Sonnenwachsschmelzer lässt sich über einen klappbaren Rahmen (1) öffnen, in den die Glasscheibe eingepasst ist. Die Waben werden mit den Rähmchen (2) blockweise im oberen Teil des Schmelzkastens eingehängt. Der Gefälleausgleich zur Wachsauffangschale (6) ist mit einer Isolierung (3) versehen. Das Wachsablaufblech aus Edelstahl (5) ist in der vorderen Hälfte mit einem schwarzen Absorberblech (4) abgedeckt. Beide Bleche (4+5) sind im vorderen Teil klappbar, um die Wachsauffangschale besser entnehmen zu können. Auf das Absorberblech werden nur ausnahmsweise Wachsbruch und -abfälle oder Entdeckelungswachs zum Schmelzen aufgelegt. Es dient in erster Linie zur besseren Entwicklung der Hitze bei Sonneneinstrahlung (Absorbtion).

nenwachsschmelzer können Waben in größerer Anzahl aufnehmen. Sie werden wie in eine Magazinbeute eingehängt. Da die Sonneneinstrahlung dabei aber nicht auf die gesamten Wabenflächen, sondern nur jeweils auf die Oberträger trifft, sind hohe Temperaturen und oft lange Schmelzzeiten erforderlich. Das Problem lässt sich dadurch lösen, dass innerhalb des Schmelzers eine ausreichend große schwarze Fläche frei bleibt, auf der die Sonnenstrahlen die Hitze entwickeln können. Diese Absorberfläche dient nebenbei auch dem Schmelzen von Wabenbruch, Entdecklungswachs und sonstigen Wachsresten.

Das abfließende Wachs der Waben passiert ein Edelstahlblech unterhalb des Absorberbleches, wo es noch einmal tüchtig Temperatur bekommt und rasch in die Auffangschale abfließt.

Hierbei empfiehlt es sich hochwertige Materialien einzusetzen und bei der Fertigung sorgfältig zu arbeiten. Durch gute Funktion, Langlebigkeit und kostenlose Sonnenenergie haben Sie dann auch mehr Freude damit.

Wichtig

Die im Sonnenwachsschmelzer erzeugte Hitze darf nicht unterschätzt werden. Um Verbrennungen zu vermeiden, sollten Sie ihn erst spätabends oder am frühen Morgen entleeren, reinigen und neu befüllen. Insbesondere die Entnahme des noch flüssigen Reinwachses und der Schmelzbleche kann gefährlich sein. Abgesehen davon, dass verschüttetes Flüssigwachs verloren geht. Zum Reinigen der Schmelzunterlagen mit Spachtel oder Kelle ist allerdings etwas Restwärme recht hilfreich. Völlig erkaltete Tresterbeläge lassen sich oft nur mühsam entfernen.

Absorber-Sonnenwachsschmelzer

Bei diesen Schmelzern kommen Absorberplatten zum Einsatz, wie sie in der Solartechnik Anwendung finden. Sie sind so beschaffen, dass sie die aufgenommene Sonnenenergie durch selektive Beschichtung nicht mehr so leicht abstrahlen. Abgedeckt ist das Ganze mit hochtransparenter, reißfester sogenannter 10-Jahresfolie. Das ermöglicht bei entsprechender Isolierung Temperaturen bis 200 °C. Die Hitze wird bereits oberhalb des Schmelzgutes erzeugt und das sogar bei winterlichen Außentemperaturen.

Der Nachteil der bisher angebotenen Schmelzer ist ihre Größe. Im Behälter ist nur Platz für ein oder zwei Waben. Das kann auch dadurch nicht wettgemacht werden, dass ein Schmelzvorgang nur zehn Minuten dauern soll. Mit Sicherheit ist in der Nutzung moderner Solartechnik noch enormes Potenzial verborgen, um die Wachsschmelztechnik weiter zu verbessern. Oft sind es die relativ hohen Kosten, die vom Einsatz modernster Komponenten abschrecken. Deshalb sind bei den Imkern selbst bereits Prototypen entstanden, die als Absorber ein schwarz gestrichenes Alublech mit Glasabdeckung verwenden. Schräg gestellte Reflektoren aus glänzender Alufolie, rings um den Absorber angebracht, erhöhen die Hitze noch zusätzlich. Außerdem sollte der Schmelzer nicht nur horizontal drehbar, sondern auch im Neigungswinkel verstellbar sein. Damit lässt sich der Einstrahlwinkel der Sonne zu unterschiedlichen Tages- und Jahreszeiten optimal einstellen und auch größere Wabenmengen gleichzeitig schmelzen. Ganz pfiffige Erfinder unter den Imkern haben auch schon automatische Nachführungen gebaut, die den Sonnenwachsschmelzer immer genau zur Sonne ausrichten.

Wasserschmelzer (Waschkessel)

Wenn Sie einen großen, heizbaren Waschkessel Ihr eigen nennen, sind Sie zum Einschmelzen ganzer Waben im Rähmchen bestens ausgerüstet. Gefüllt wird er zu gut ¾ mit weichem Wasser oder Regenwasser, das Sie sprudelnd kochen lassen. Jetzt geben Sie die Waben mitsamt den Rähmchen einzeln oder in kleineren Stückzahlen ins Wasser, ziehen Sie sie nach kurzer Zeit wieder hervor und schwenken sie kräftig im Wasserstrudel. Mit einem alten Messer lassen sich die etwas hartnäckig anhaftenden Altwachsteile am Rähmchenholz rasch entfernen. Dabei ist darauf zu achten, dass der Rähmchendraht erhalten bleibt, denn er soll ja für die Aufnahme der nächsten Mittelwand noch tauglich sein. Wichtig ist, dass Sie die Rähmchen immer im aufsprudelnden Wasser und nicht in der sich bildenden und immer höher werdenden Wachsschicht schwenken. In einem 100-Liter Waschkessel lassen sich bis zu 27 Zanderwaben in einem Durchgang schmelzen. Zu dieser Arbeit tragen Sie am besten wasserfeste und robuste Arbeitshandschuhe, Gummischürze und Stiefel.

Ist die Wachsschicht soweit angestiegen, dass die Rähmchen nicht mehr einigermaßen wachsfrei heraus kommen, müssen Sie das Wachs-Trester-Gemisch abschöpfen. Nimmt die Wasserfüllung zu sehr ab, füllen Sie sie wieder auf und bringen sie erneut zum Kochen. Wird sie mit der Zeit zu dunkel, was vom Zustand der geschmolzenen Waben abhängt, erneuern Sie das Wasser komplett.

Das Wachs-Trester-Gemisch ist am besten zu trennen, solange es noch heiß ist. Dazu kann eine Wachspresse dienen, mit der Sie das Material sofort pressen (siehe Dampfwachsschmelzer und Wachspressen) oder zentrifugieren (siehe Zentrifugieren). Das verspricht eine größtmögliche Ausbeute.

Ausschwemmen

Ein anderes, finanziell preisgünstigeres Verfahren, ist das Ausschwemmen. Allerdings sollten Sie dazu nicht allzu viele Waben in ei-

Im Waschkessel lassen sich die Waben leicht aus den Rähmchen schmelzen.

nem Durchgang schmelzen. In einen entsprechend großen Behälter legen Sie einen weiten, stabilen Jutesack und schlagen ihn über den Rand um. Jetzt schöpfen Sie das Wachs-Trester-Gemisch in den Jutesack, binden ihn mit einer stabilen Schnur gut zu und geben ihn in das kochende Wasser. Ein Teil des Wachses, vermischt mit Wasser, befindet sich nun schon im Auffangbehälter. Der Rest wird jetzt ausgewaschen, indem der Sack im heißen Wasser des Waschkessels so intensiv wie möglich bewegt, immer wieder untergetaucht und gedrückt wird, ähnlich wie man früher mit Kochwäsche umging. Der Sack darf deshalb nur locker gefüllt sein, damit der Inhalt leicht beweglich bleibt. Das Wachs soll dabei aus den Nymphenhäutchen der Altwaben gespült werden, wo es sich gerne verfängt und selbst mit Pressen nur schwer wieder hausgebracht werden kann. Ist das Wachs so gut es geht aus dem Sack ausgetreten und an die Oberfläche gestiegen, wird es oben abgeschöpft. Erst jetzt wird der Sack herausgenommen, entleert und für den nächsten Einsatz und vorbereitet.

Dampfwachsschmelzer ohne Presse

In den Haushalten stehen manchmal noch Dampfentsafter ungenutzt herum, die ein Kleinimker gut zum Wachsschmelzen verwenden kann. Er wird mit zerkleinerten Wabenstücken gefüllt und anstatt Saft läuft reinstes Bienenwachs aus dem Ablassschlauch. Das dauert pro Füllung etwa eine Stunde. Wie bei den meisten Wachsverarbeitungsverfahren, sollte der Behälter gereinigt werden, bevor die Temperatur den Wachsschmelzpunkt unterschritten hat. Entleeren und auswischen genügt dann in der Regel. Nur zum Saften kann man den Apparat anschließend nicht mehr benutzen!

Seit einigen Jahren bietet der Fachhandel Dampfschmelzer an, in die man ganze Waben mit den Rähmchen einstellen kann. Im Boden des weiten Behälters wird mittels Elektroheizung oder Gasbrenner

Wasser zum Kochen gebracht. In einem herausnehmbaren Innenbehälter, der aus Edelstahl gefertigt sein muss, wird das Wachs durch die Dampfeinwirkung geschmolzen und über einen Lochblechboden grob gereinigt. Das Wachs kommt also mit dem Wasser nicht direkt in Berührung und fließt durch einen Ablasshahn kontinuierlich in einen untergestellten Behälter ab (siehe Foto Seite 47). Der Wachsschmelzer ist nach oben mit einem stabilen Deckel zu verschließen, der auch über ein Überdruckventil verfügt. Der Dampf entweicht aber zum größten Teil über den Wachsablasshahn. Ein unzulässiger Überdruck kann also nur in dem fast ausgeschlossenen Fall entstehen, dass der Ablasshahn verstopft. Eine größere Gefahr besteht darin, dass dem Gerät das Wasser ausgeht. Es kann dadurch unbrauchbar werden und Brandgefahr hervorrufen. Deshalb darf der Wachsschmelzer nie unbeaufsichtigt gelassen werden!

Sicherheit ist wichtig

Haben Sie im Hausbereich noch die Wahl zwischen Strom- und Gasheizung, kommt beim Arbeiten im oder beim Bienenhaus im Außenbereich eigentlich nur Letzteres in Betracht. Bei Gasbefeuerung ist darauf zu achten, dass der Brenner über eine vorschriftsmäßige Zündsicherung verfügt, die verhindert, dass unverbranntes Gas ausströmt, zum Beispiel wenn beim Hantieren mit Wasser versehentlich die Flamme erlischt. Auch die Gasanschlüsse bis zur Flasche müssen den sicherheitstechnischen Vorschriften entsprechen (Druckminderventil, Schlauchbruchsicherung). Bei Schäden, die aufgrund fehlender technischer Standards entstehen, kann der Versicherungsschutz (Berufsgenossenschaft, Haftpflicht) verloren gehen. Grundsätzlich sollten gasbefeuerte Wachsschmelzer nur im Freien betrieben werden, was bei wärmeren Außentemperaturen allerdings Bienen anlocken kann.

Mit Dampfgenerator

Andere Schmelzgeräte für ganze Waben arbeiten mit Dampfgeneratoren. Sie sind mit einem Wassertank versehen und funktionieren ähnlich wie ein Durchlauferhitzer. Manche Geräte können direkt an die Wasserleitung angeschlossen werden. Generell sollten solche Dampfgeneratoren mit einem Trockenlaufschutz ausgerüstet sein um bei fehlendem Wassernachlauf ein Durchbrennen des Heizkörpers zu verhindern.

Der Vorteil dieser Geräte liegt in der schnellen Betriebsbereitschaft. Es muss nicht erst eine größere Menge Wasser zum Kochen gebracht werden. Die höchste Leistung wird allerdings auch erst dann erreicht, wenn das ganze Schmelzgerät Betriebstemperatur erreicht hat.

Wegen des fast gleichen Energiebedarfes ist ein Gerät mit möglichst großem Fassungsvermögen zu bevorzugen. Geräte mit Dampf-

Wachsschmelzer für ganze Rähmchen in Funktion.

generatoren gibt es in Kessel- und Kastenform. Letztere ist der rechteckigen Wabenform besser angepasst. Die Rähmchen werden wie in Magazinbeuten eingehängt und mit einem Deckel verschlossen.

Dampf-Wachsschmelzkiste

Seit einigen Jahren bieten Baumärkte kostengünstige Dampferzeuger an, die beispielsweise beim Ablösen von Tapeten zum Einsatz kommen. Zwischenzeitlich sind diese Geräte auch im Imkereifachhandel, teilweise kombiniert mit den verschiedensten Schmelzbehältern aus Kunststoff und Edelstahl, erhältlich.

Eine der pfiffigsten Ideen, diese Dampferzeuger zur Wachsgewinnung zu nutzen, stammt von Dr. Frank Neumann aus Aulendorf. Seine wesentlichen Vorteile liegen nicht nur in der Möglichkeit zum Eigenbau. Es kann auch eine größere Menge Waben, bis zu 30 auf einmal, geschmolzen werden, und durch die waagerechte Stapelung bleiben die Rähmchen dabei sauberer als bei ähnlichen Verfahren. Die nach und nach abschmelzenden Schichten fallen ungehindert aus den waagerecht gestapelten Waben ohne das Rähmchenholz unnötig zu bekleckern (siehe Foto Seite 48).

Da die Metallverarbeitung nicht jedermanns Sache ist, wird der Schmelzbehälter aus wasserfestem Sperrholz gefertigt, wie es die Maurer zum Bau einer Betonverschalung verwenden. Zur besseren Energieausbeute ist eine zusätzliche Isolierung, zum Beispiel mit Styrodurplatten, unbedingt zu empfehlen. Das Gerät besteht aus zwei Hauptteilen: dem unteren Schmelzbehälter mit Seihsack und der Dampfhaube, die den Wabenstapel überwölbt.

Der Schmelzbehälter besitzt einen keilförmigen Boden, in dem das flüssige Wachs zum Ablassrohr fließt (siehe Foto Seite 49). Dies sollte aus Kunststoff gefertigt sein, da das Wachs in einem Metallrohr zu schnell erkaltet und verstopft. Der Seihsack ist am oberen Rand an mehreren Haken zur bequemen Entnahme eingehängt. Dazu wird das zugeschnittene Stück eines Presstuches verwendet, wie es bei Fruchtsaft- und Weinpressen zum Einsatz kommt (teuere Variante) oder ein gleichgroßes Stück eines Jutesackes (billigere Variante). Der Dampf wird über eine Bohrung im oberen Drittel des Schmelzbehälters direkt auf den Seihsack zugeführt. Der Schlauch des Dampferzeugers ist so kurz wie möglich zu halten um Wärmeverluste zu vermeiden.

Vorgehensweise beim Schmelzen

Schritt 1. In den oberen Rand des Schmelzbehälters ist ein herausnehmbarer Mittelsteg eingelegt. Darauf setzten Sie die Waben in zwei parallelen Stapeln, unbebrütete Waben unten, dunkle oben und decken sie mit der Dampfhaube ab. Das Gerät wird so hoch gestellt, zum Beispiel auf ein Leermagazin, dass sich eine Auffangschale für das Wachs unterstellen lässt.

Schritt 2. Jetzt setzen Sie den Dampferzeuger in Gang. Füllen Sie ihn bis zur vorgeschriebenen Füllhöhe mit Wasser, nicht höher, da zur Dampfentwicklung ein gewisser Leerraum erforderlich ist. Regenwasser schont den Heizstab vor Verkalkung.

Schritt 3. Damit Sie nebenbei noch etwas anderes erledigen können und zur Sicherheit (Unterschreitung des Mindestwasserstandes), schließen Sie den Dampferzeuger an eine Zeitschaltuhr an. In 1 ¼ Stunden sollte der Schmelzvorgang beendet sein. Die Effektivität (Höchsttemperatur, Schmelzdauer) kann durch die gleichzeitige Verwendung von zwei Dampfgeneratoren noch verbessert werden.

Schritt 4. Die Waben schmelzen von unten beginnend ab und fallen in ihre Einzelteile, die Zellstruktur, zwischen der sich das reine Wachs befindet, zerlegt, locker in den Seihsack. Das Wachs hat nun genü-

Die Waben werden auf dem Schmelzbehälter aufgestapelt.

Unterer Schmelzbehälter mit Schrägboden bei entnommenem Seihsack.

gend Zeit abzulaufen, sich am Boden zu sammeln und durch das Ablaufrohr in die Auffangschale abzufließen.
Schritt 5. Sind die Waben geschmolzen und ist das Gerät etwas abgekühlt, nehmen Sie die Dampfhaube ab und setzen die Rähmchen zur Seite. Etwa noch anhaftende Reste werden gleich mit einem Messer beseitigt.
Schritt 6. Der Seihsack wird ausgehängt und der Trester auf dem Kompost entsorgt und zur Vermeidung von Bienenflug und zur besseren Verrottung mit Grasschnitt oder anderem Pflanzenmaterial abgedeckt.
Schritt 7. Um Schimmelbildung zu vermeiden, muss der Schmelzkasten nach Gebrauch zum Trocknen offen gelagert werden.

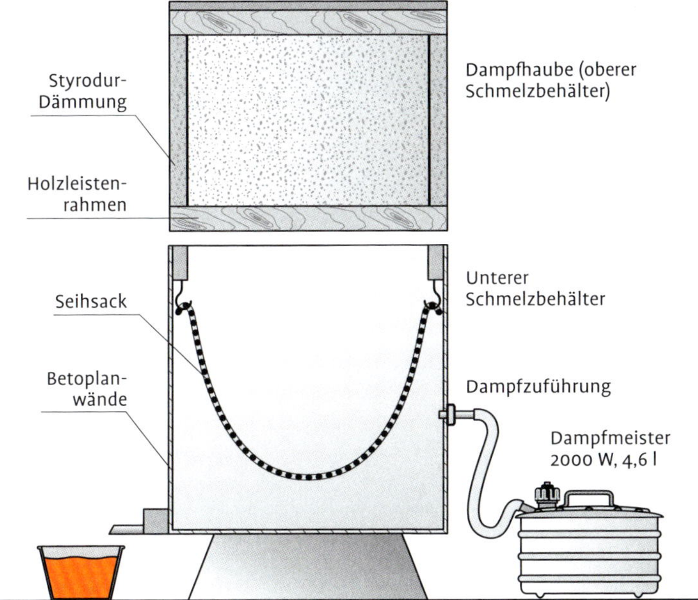

Dr. Neumanns Wabenschmelzkiste besteht aus einem unteren Schmelzbehälter mit Seihsack und einer Dampfhaube, unter der die Altwaben aufgestapelt werden.

Ausgeschnittene Drohnenwaben, Entdecklungswachs oder sonstiges Wabenmaterial geben Sie zum Schmelzen direkt in den Seihsack, decken dann aber den Schmelzbehälter mit der umgedrehten Dampfhaube ab um das Dampfvolumen zu verringern und somit die Effektivität noch zu verbessern.

Da dieses Wachs dichter zusammen sitzt, dauert es etwas länger, bis es im Kern die nötige Temperatur erreicht hat. Stellen Sie die Zeitschaltuhr auf 1 ½ Stunden ein.

Bauanleitung

Stückliste Schmelzbehälter

Bauteil (Bezeichnung)	Material	Maße in mm	Stück	Bemerkung
Seitenwände u. Bodenplatte (A1, A2, B1, B2, C)	Betoplan 4 mm	560x560	5	
Schrägflächen (D1, D2)	Betoplan 4 mm	558x290	2	Ausfugung 48x22 an Außenseiten
Innenleiste (1, 4)	Fichte 22x48 mm	516	6	2 Leisten ausgefugt 48x22
Innenleiste (2)	Fichte 22x48 mm	560	4	
Innenleiste (3)	Fichte 22x48 mm	464	4	
Mittelleiste (13)	Fichte 22x48 mm	458	1	
Haken für Seihsack	Metall mit Gewinde	40	8	
Seihsack	Kunststoff-Presstuch	800x800	1	
Außenleiste Abfluss (9)	Fichte 22x48 mm	560	1	
Ausflussrohr	Kunstoff-Elektrik-Installationsrohr	Ø 25	1	
Gewindeflansch	Heizölleitung-Verbindungsstück	passend zum Schlauch	1	
Wärmedämmplatten	Styrodur 20 mm	600x600	5	exakt anpassen, auch für Boden

Stückliste Dampfhaube

Bauteil (Bezeichnung)	Material	Maße in mm	Stück	Bemerkung
Vorder- u. Rückseite (E1, E2)	Betoplan 4 mm	515x515	2	
Seitenwände (F1, F2)	Betoplan 4 mm	515x515	2	
Deckplatte (G1)	Betoplan 4 mm	567x567	1	
Innenleiste (5)	Fichte 22x48 mm	419	2	
Innenleiste (6)	Fichte 22x48 mm	515	4	
Rahmenleiste (7)	Fichte 22x48 mm	523	4	
Rahmenleiste (8)	Fichte 22x48 mm	567	4	
Wärmedämmplatten	Styrodur 20 mm	600x600	5	exakt anpassen

Zusammenbau

Zunächst leimen Sie die Leisten entsprechend der Zeichnungen auf die Platten und schrauben sie mit Kreuzschlitz- oder Torx-Schrauben fest. Die Betoplanplatten sollten Sie vorbohren, damit sie nicht reißen. In zwei Innenleisten (1) sägen Sie zuvor mittig eine Aussparung für die Mittelleiste zur späteren Abstützung der Wabenstapel. In die beiden anderen Innenleisten (1) sägen Sie Aussparungen zum Einpassen der Schrägflächen hinein. Die oberen Ecken der Schrägflächen (D1, D2) klinken Sie zur Anpassung an den seitlichen Holzrahmen aus. Die Fugen der Schrägflächen, des Auslaufrohres und des Gewindeflansches versiegeln Sie mit Silikon. Entsprechend der fertigen Maße schneiden Sie die Styrodurplatten zu und kleben sie von außen auf.

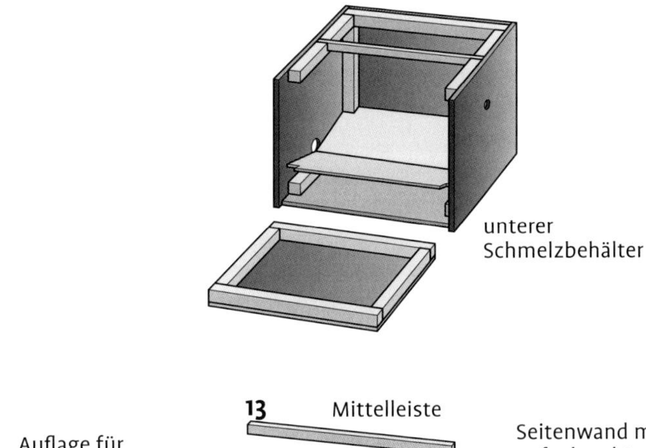

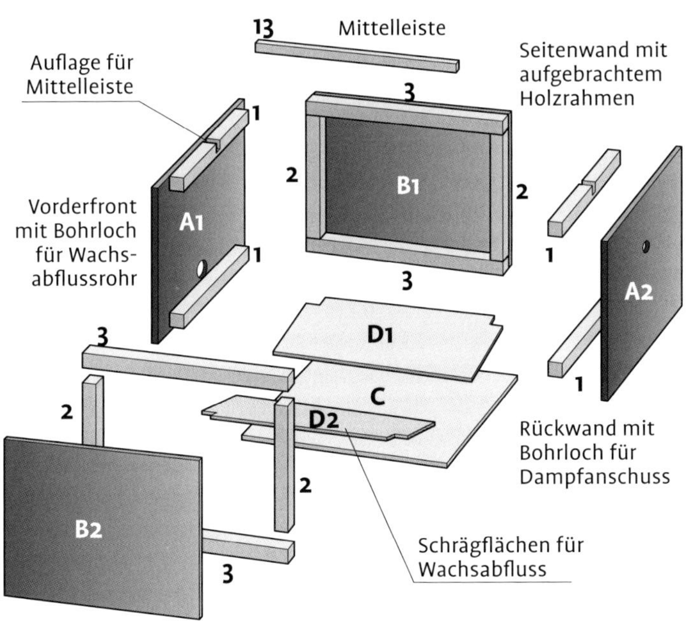

Nach dem Zusägen der Einzelteile werden zuerst die Latten auf die Platten geleimt und geschraubt. Erst nach dem Zusammenbau der Außenwände wird der schräge Innenboden eingesetzt und die Löcher für die Dampf- zu- und Wachsableitung gebohrt. Die empfohlene Isolierung ist in dieser Zeichnung noch nicht berücksichtigt, stellt aber auch den handwerklich weniger Versierten vor keine besondere Herausforderung.

Die Dampfhaube ist sehr einfach zusammenzubauen. Die Isolierung kann zwischen die umlaufende Lattung geklebt werden.

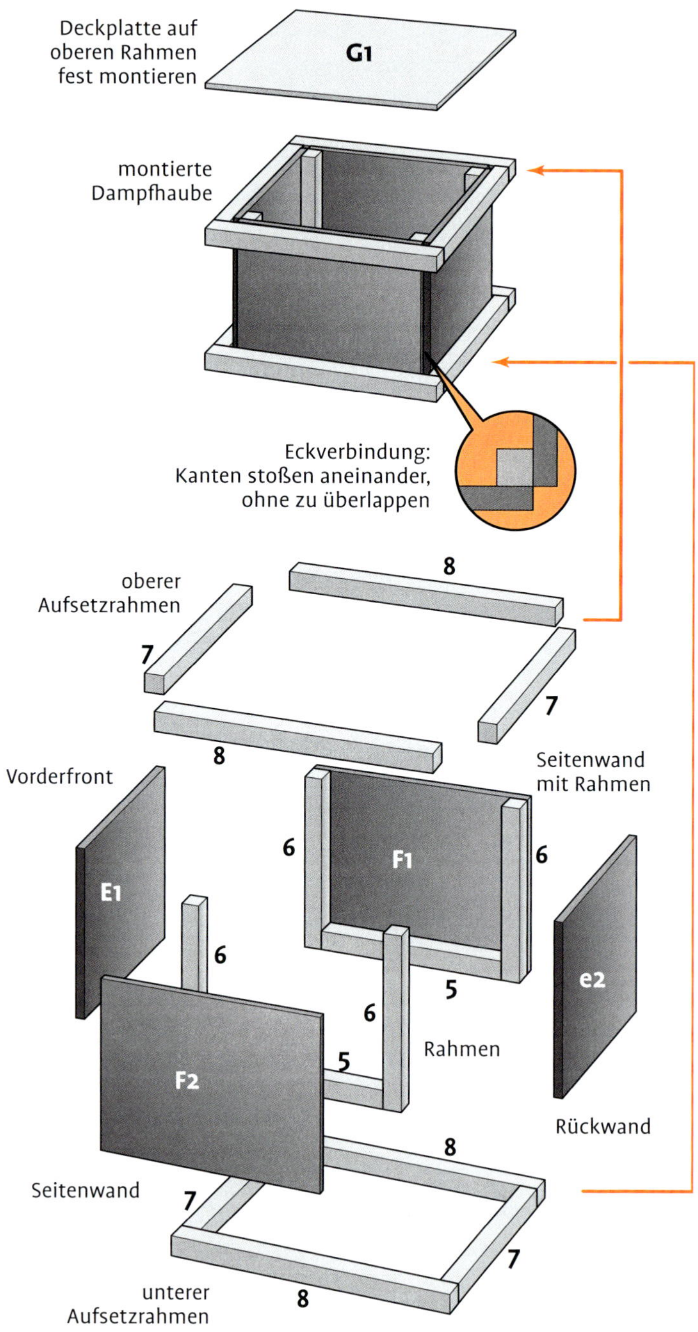

Wichtig

Wie bei allen Verfahren, die mit elektrischem Strom und Wasser funktionieren, ist besondere Vorsicht geboten. Die Kabel sind so zu verlegen, dass Wasserkontakt, insbesondere im Bereich der Anschlüsse, vermieden wird. Der Wasserstand im Dampferzeuger darf nie den vorgeschriebenen Mindeststand unterschreiten. Beim Wiederbefüllen muss der Netzstecker gezogen sein. Hantieren Sie nie mit nassen Händen an stromführenden Kabeln.

Dampfwachsschmelzer mit Presse

Das klassische Gerät zum Einschmelzen der Waben ist der Dampfwachsschmelzer mit Spindelpresse. Robuste Geräte können sowohl mittels Gasbrenner als auch mit eingebauter Elektroheizung betrieben werden. Eine gute Isolierung reduziert den Energieverbrauch um bis zu 30 %. In einem weiten Behälter wird der aus Edelstahl-Lochblech gefertigte Presskorb mit herausnehmbarem Boden eingesetzt. Hier hinein legen Sie ein Obstpresstuch, füllen die zerkleinerten Waben ein und legen den schweren Deckel mit der Spindel auf. Sind die Waben in der Dampfhitze zusammengefallen, legen Sie noch einmal nach. Ist genügend Wachs geschmolzen, schlagen Sie das Presstuch über dem Wachs zusammen, schrauben den Deckel mit zwei Flügelschrauben fest und beginnen mit dem Pressvorgang. Ziel ist es nicht, eine möglichst große Menge Wachs gleichzeitig zu pressen, denn je kleiner, desto besser ist das Resultat. Sie müssen dem Wachs Zeit lassen, aus dem Trester herauszuquellen.

Wenn Sie dem Schmelzer anstatt der Pressspindel einen weiteren verschließbaren Behälter aufsetzen, können Sie darin ganze Waben in den Rähmchen schmelzen. Der Trester fällt in den Presskorb. Hat sich genügend angesammelt, wechseln Sie den Schmelzaufsatz durch den Spindeldeckel aus und beginnen Sie mit dem Pressen. Die Zeiteinsparung durch die Wiederverwendung der Rähmchendrahtung beträgt knapp ein Viertel: 3 Minuten je Rähmchen, statt 11,5 Minuten je Rähmchen (nach Wittmann, 1988). Die Spindelpresse können Sie auch gut mit der Waschkesselmethode kombinieren (siehe Wasserschmelzer Seite 45).

Wasserfreies Elektro-Schmelz-Pressverfahren (Wax-Press-Boy)

Für den Imker, der seine Waben ausschneidet, gibt es eine verblüffend einfache und effektive Schmelzpresse. Füllen Sie drei bis fünf zerkleinerte Waben ein und pressen sie nach und nach auf die beheizte

Wachspresse zum trockenen Schmelzen kleinerer Wabenmengen.

Grundplatte. Von Zeit zu Zeit drehen Sie die Spindel immer wieder etwas an, bis ein relativ trockener Tresterkuchen übrig bleibt. Das kostet etwas Zeit, geht aber nebenbei, wenn Sie noch mit etwas anderem beschäftigt sind. Das Besondere ist, dass es sich um eine wasserfreie Gewinnungsmethode handelt, bei der das Wachs bereits nach der ersten Verarbeitungsstufe in relativ sauberer Form vorliegt. Die wasserlöslichen Stoffe bleiben im Trester zurück.

Infrarotschmelzer

Speziell zum Schmelzen von honigdurchtränktem Entdecklungswachs wurden Infrarotschmelzer entwickelt. Der Infrarotstrahler, manchmal auch mit Ventilatorunterstützung, befindet sich im Deckel über dem Entdecklungswachsbehälter, der auch als Entdecklungstrog dient. Der Honig fließt während des Schmelzvorganges sehr rasch ab und gelangt unter das leichtere Wachs, das ihm einen gewissen Wärmeschutz bietet. Deshalb ist die Wärmeschädigung dieser Honige vergleichsweise gering, die Sie dennoch in regelmäßigen Abständen immer wieder untersuchen lassen sollten. Der Honig wird unten abgelassen. Übrig bleibt ein schöner gelber, duftender Wachsblock mit einer relativ dünnen Tresterschicht darunter. Eine Zeitschaltuhr schaltet das Gerät nach dem Schmelzvorgang automatisch ab. Diese Schmelzer eignen sich auch zum wasserfreien Aufschmelzen von Blockwachs, nicht jedoch für Altwaben.

Einfriermethode

Diese von Vinzenz Weber als „Lösungsverfahren“ beschriebene, kalte Wachsgewinnung soll hier kurz beschrieben werden, da sie von allen anderen Methoden abweicht. Hierfür werden die Waben in höchstens

Der Entdecklungswachsschmelzer mit Infrarotheizung trennt den Honig vom Wachs.

Gefüllter Entdecklungswachsschmelzer mit geöffneter Haube.

50 °C warmem Wasser eingeweicht. Das sich dunkel verfärbende Wasser wird abgegossen und so lange durch frisches erneuert, bis es sauber bleibt. Bei anhaltenden Frosttemperaturen legen Sie die vorgereinigten Waben auf wasserfesten Unterlagen (Blech, Kunststoff) aus, übergießen sie mit Wasser und warten, bis sie fest durchgefroren sind. Der Frost soll die Zellstruktur sprengen und Wachs und Nymphenhäutchen trennen. Jetzt sollen die Waben in gefrorenem Zustand mittels einer Reibe mit etwa 4,5 mm Lochgröße (Röstihobel), am besten maschinell, zerrieben werden. Die dabei entstehenden Flocken übergießen Sie nun mit einer Salzlösung (4 kg Salz auf 100 Liter Wasser), das nach 20 Minuten abgelassen und zur Wiederverwendung aufgefangen wird. Die Wabenflocken setzen Sie nun unter reichlich Wasser, wobei sich die Nymphenhäutchen vollsaugen und untergehen, die Wachsflocken hingegen nach oben aufsteigen sollen.

Wachspressen

Durch Auspressen oder Zentrifugieren des Altwabentresters kann der Ausbeutesatz um 20–30 % verbessert werden. Allerdings verursacht dies auch wesentliche Kosten durch den technischen Mehraufwand (siehe Wachserzeugung).

Wachspressen, die früher oft auch Honigpressen waren, zählen zu den Prachtstücken der Bienenmuseen. Es handelt sich dabei meist um Geräte von beeindruckenden Ausmaßen. Das größte ist sicher der Wachshammer im Deutschen Bienenmuseum Weimar. Er stammt aus dem sächsischen Siebenlehn, wo sich um 1600 die Wachsschlägerei entwickelt hat und bis zu sieben solcher Schlagwerke im Einsatz waren. Sie funktionieren ähnlich wie eine Ölschlagpresse.

In den Aufnahmebehälter für das Pressgut wird ein Pressstempel gesetzt und darüber ein stabiler Balken gelegt. In die seitlichen Widerlager werden nun große Keile geschlagen und damit der Pressstempel auf den Trester gedrückt. Diese Technik muss so effektiv gewesen sein, dass die Betreiber selbst aus dem aufgekauften, bereits ausgelassenen Trester noch etwas herausholen konnten.

Hinweis
Vor dem ersten Befüllen spült man die Presse oder Zentrifuge mit 1-2 Eimern heißem Wasser. Dadurch bleibt das Wachs während des Pressens oder Zentrifugierens länger flüssig.

Nicht ganz so groß, aber immer noch gewaltigen Ausmaßes sind die Lüneburger Wachspressen aus der Zeit der Korbimkerei, die besonders große Wachsmengen zur Verarbeitung hinterließ (siehe „Film“, Serviceseite 152). Etwas außerhalb der Mitte eines Eichenbalkens wurde eine relativ kleine, rechteckige Presskammer ausgestemmt und im Boden mit mehreren Löchern durchbohrt. Die Seitenwände der Presskammer wurden mit zentimeterbreiten Rillen versehen und auf den Boden ein hölzerner Gitterrost gelegt, damit das Wachs besser abläuft.

In die Presskammer wurde nun ein stabiles, grobes Presstuch eingelegt, mit dem Wachs-Trester-Wasser-Gemisch gefüllt und oben zusammen gefaltet. Darauf kam ein dicker Eichenblock als Pressstempel. Auf diesen drückt der Pressbalken, der auf einer Seite in unterschiedlicher Höhe eingehängt werden kann und mit der Bohrung der anderen Seite in eine Gewindestange eingesetzt wird. Eine Mutter wurde nun nach und nach soweit angezogen, dass dem Wachs zwischendurch Zeit zum Abfließen blieb. War der erste Vorgang durch, wurde die Presse geöffnet, das Pressgut gelockert und mit einem Guss heißen Wassers aufgeschwemmt und nochmals erhitzt. Nach erneutem Pressen ist die größtmögliche Ausbeute erreicht und die Presse wurde erneut gefüllt. Waben auskochen und Pressen ging dabei nebeneinander her, sodass eine Person voll beschäftigt war, für den Pressvorgang genügend Zeit blieb und die Presse nicht unnötig auskühlte.

Hydraulische Pressen

Aufwendige Hydraulik-Wachspressen für den professionellen Einsatz lohnen sich selbst für einen größeren Erwerbsimker kaum. Die geschmolzenen Waben werden in die Presse geschöpft und wie bei der Obstsaft- oder Weinpressung in dünnen Lagen, durch Presstücher getrennt aufgebaut. Das muss sehr rasch gehen, damit das Pressgut nicht auskühlt. Aus diesem Grund und damit keine Verletzungen durch Spritzwachs hervorgerufen werden können, ist die gesamte Presse ummantelt. Der hydraulische Pressvorgang geht dann relativ schnell vonstatten. Die Leistung wird vom Hersteller mit 40 kg Reinwachs je Stunde angegeben.

Einfachere kleine Pressen sind denkbar, bei denen man sich beispielsweise die Druckkraft eines Wagenhebers zu Nutze macht. Das Widerlager darf aber dabei nicht zu schwach dimensioniert sein, da sonst die ganze Pressvorrichtung auseinandergesprengt wird. Sie können sich an der Funktionsweise der althergebrachten Pressen orientieren und eine gut dimensionierte Eisenträgerkonstruktion als Widerlager verwenden.

Saftpresse

Gelegentlich kommt bei der Wachsgewinnung auch eine Pressmethode zum Einsatz, wie Sie sie aus der Haushaltstechnik als Saftpresse, auch als Anbausatz für die Küchenmaschine kennen. Die an einen Fleischwolf erinnernde Apparatur besitzt eine konische Schnecke, die in einem ebenso konisch zulaufenden, gelochten Gehäuse läuft. Füttern Sie die Maschine nun mit dem heißen Wachstrester-Wasser-Gemisch, läuft das Flüssige kontinuierlich ab und der trockene Trester tritt am Ende der Schnecke aus, wobei sich der Druck regulieren lässt.

Metallteile vertragen diese Pressen nicht. Es dürfen also keinesfalls Wabendrähte, Rähmchennägel oder andere harte Teile im Trester enthalten sein. Größere Wachspressmaschinen mit dieser Technik haben sich wegen des hohen Preises bis heute leider nicht durchsetzen können. Der Kleinimker kann sich aber mit einer Saft- oder Beerenpresse begnügen, wie sie am Gebrauchtmarkt, ob Handbetrieb oder elektrisch, günstig zu haben sind. Nur eines sollten Sie nicht machen: Ihre gute Haushalts-Küchenmaschine bei der Wachsverarbeitung ruinieren.

Zentrifugieren

Einen ähnlichen Effekt wie mit dem Pressen, erreichen Sie durch Nutzung der Zentrifugalkraft. Dazu füllen Sie den heißen Wabenbrei in eine Schleuder und trennen auf diese Weise Trester und Wachs. Da diese Technik ohnehin nur für den größeren Wachsverarbeitungs- oder Imkereibetrieb in Frage kommt, sind ausschließlich spezielle Wachsschleudern, allenfalls geeignete Industrieschleudern einsetzbar. Zuleitung von Dampf in die Schleudertrommel verhindert ein zu rasches Auskühlen des Tresters und erhöht die Ausbeute. In die HAMAG-Schleuder können Sie auch ganze Waben einsetzen, die mittels Dampfzufuhr geschmolzen und geschleudert werden.

Vor der Verwendung von Haushalts-Wäscheschleudern ist dringend zu warnen. Durch die spezielle Konstruktion und die hohe Tourenzahl sind sie ausschließlich für den vorgesehenen Zweck geeignet. Bei ungeeignetem Einsatz besteht Unfallgefahr und im Ernstfall geht der Schutz durch die Unfallversicherung verloren.

Eine Wachszentrifuge hält die Temperatur besser, wenn sie isoliert wurde.

Wachs reinigen

Bei allen Wachsgewinnungsmethoden ist zumindest eine Nachreinigung notwendig. Je häufiger Sie sie wiederholen, desto sauberer ist das Endprodukt. Da die Verunreinigungen, bei sonnengeschmolzenem Wachs auch Honigreste, im kalten Wachsblock fest eingeschlossen sind, ist eine Reinigung nur in flüssigem Zustand möglich. Gröbere und obenauf schwimmende Teilchen lassen sich schon einmal entfernen, indem Sie das Flüssigwachs, wenn es aus dem Wabenschmelzgerät läuft, durch ein hitzebeständiges Seihtuch geben. Die meisten Partikel sind jedoch schwerer als Wachs und setzen sich ab. Da die Differenz des spezifischen Gewichtes mancher Bestandteile zu jenem des Wachses sehr gering ist, sinken sie nur langsam ab. Deshalb müssen Sie das Wachs so lange wie möglich flüssig halten.

Am wenigsten Energie benötigen Sie hierzu mit dem System „Kochkiste“. In Zeiten von Energieknappheit haben die Hausfrauen die Speisen mit wenig Brennstoff erhitzt und in eine sogenannte Kochkiste gestellt und so fertig gegart und lange warm gehalten. Genau das Richtige für das Wachs. Bauem Sie sich passend zu Ihrem Wachsgefäß einen Behälter, den Sie dick mit Dämmstoffen, zum Beispiel Polystyrol-Hartschaum auspolstern. Der Wachsblock benötigt dann einige Stunden bis zur Verfestigung und ist nach einem Tag immer noch gut warm und im Innern meist noch flüssig. Eine große Wachsmenge hält sich länger flüssig als kleine Portionen.

Nach der Norm
Zu Wachsprämierungen, die bis in die 60er-Jahre des vorigen Jahrhunderts stattfanden, wurden nur Wachsblöcke aus genormten Formen zugelassen.

Als Wachstopf eignet sich am besten eine konische Form. Dadurch konzentriert sich die Schmutzschicht im unteren Teil etwas und kann besser abgenommen werden. Außerdem lässt sich der Wachsblock leichter entnehmen, als aus einem zylindrischen Behälter. Ohne Weiteres kann auch ein preisgünstiger Edelstahleimer als Wachsform dienen.

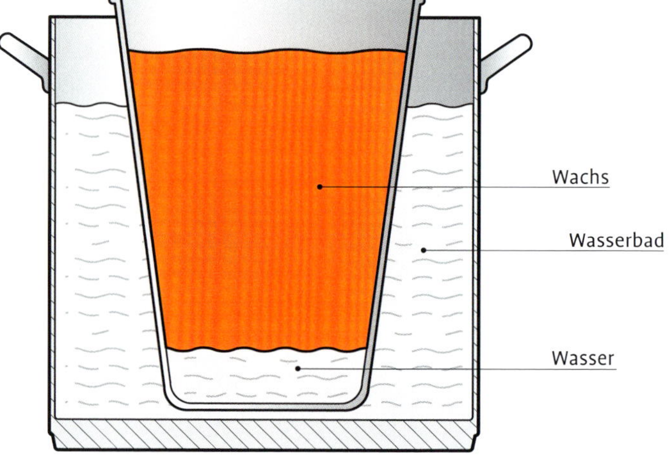

Wachs sollte grundsätzlich nur im Wasserbad verflüssigt werden. Im Wachsbehälter selbst sollte sich aber auch etwas Wasser befinden, damit sich die Schmutzpartikel besser vom Wachsboden lösen. Wachsschmelzen ohne Wasserbad ist im wahrsten Sinne des Wortes „brandgefährlich“.

An diesem umgedrehten und auseinander gebrochenen Wachsblock ist sehr gut die Schmutzschicht zu sehen, die sich nach dem ersten Schmelzen abgesetzt hat.

Sehr gut funktioniert die Klärung größerer Wachsmengen auch im beheizbaren Waschkessel, dessen Emaillierung noch gut erhalten sein muss, da sich das Wachs bei Eisenkontakt dunkel färbt. Auch Kupfer- und Zinkkessel können zu einer, wenn auch nicht so heftigen, Verfärbung führen.

Vorgehensweise

Schritt 1. Den Kessel füllen Sie bis zur Hälfte mit weichem Wasser (Regenwasser), bringen es zum Kochen und schmelzen darin die Wachsblöcke der ersten Verarbeitungsstufe.

Schritt 2. Ist alles Wachs geschmolzen, halten Sie den Kessel noch einige Zeit bei gelindem Feuer auf Temperatur. Das Wachs-Wassergemisch darf nicht mehr aufwallen, sondern muss zur Ruhe kommen, damit sich die Partikel absetzen können.

Schritt 3. Nachdem das Feuer erloschen ist, benötigt die große Masse des Waschkessels samt Inhalt recht lange zum Abkühlen.

Schritt 4. Der Wachsblock weist nach dem Erkalten an seiner Unterseite eine mehr oder weniger dicke Schicht von Verunreinigungen auf, die sich abgesetzt haben. Mit einem Stockmeißel oder Stemmeisen sollten Sie diese Schicht möglichst großzügig abkratzen.

Größere Mengen Wachsblöcke lassen sich auch ganz gut mit einem Druckreiniger mit Wasser abstrahlen. Wenn Sie einen Wachsblock entzwei schlagen, können Sie gut erkennen, ob sich im unteren Bereich noch Partikel befinden, die nicht ganz zu Boden gesunken sind. Dieses Wachs muss auf jeden Fall noch einmal aufgeschmolzen und geklärt werden.

Das rasch abgekühlte, frische Wachs bekommt gerne Risse. Die Sauberkeit zeigt sich am Boden und im gespaltenen Block.

Feinreinigung mit Klärbehälter

Die Herstellung von Mittelwänden für den Eigenbedarf erfordert keine besonders intensive Säuberung des Wachses. Einfache Klärmethoden, wie oben beschrieben, sind völlig ausreichend. Anders ist es, wenn Sie aus dem Wachs Kerzen herstellen wollen. Hier ist Bienenwachs von höchster Reinheit erforderlich! Feinste Schwebestoffe, wie Pollen, können den Docht der Kerze verstopfen und am sauberen Abbrennen hindern. Für Kerzenqualität ausreichende Ergebnisse erzielen Sie nur, wenn Sie den Klärvorgang, wie oben beschrieben, mehrmals wiederholen, spezielle Klärbehälter verwenden oder die allerfeinsten Schwebestoffe mit Säure binden und so aus dem Wachs entfernen.

Die speziellen Klärbehälter besitzen einen beheizbaren, thermostatisch geregelten Ölmantel, der das Wachs über einen längeren Zeitraum heiß hält, ohne dass es zum Aufwallen kommt. Ein unvermeidlicher Effekt bei allen direkt beheizten Behältern. Als zweites unverzichtbares Merkmal besitzen derartige Wachsklärbehälter einen Schrägboden mit zwei Ablassventilen. In der Keilspitze des Schrägbodens konzentrieren sich die Trübstoffe, während sie sich in einem normalen Wachsschmelztopf auf dessen Boden gleichmäßig verteilen und so schwieriger zu entfernen sind. Nach ein bis zwei Tagen der Erwärmung auf etwa 80 °C lassen Sie am oberen Hahn das geklärte Wachs ab und gießen es zu nicht allzu großen Blocks, die sich leicht weiterverarbeiten lassen. Am unteren Hahn entleeren Sie vorsichtig den Schlamm, bis Wachs zu fließen beginnt. Dies noch nicht ganz saubere Wachs wird dem nächsten anfallenden Rohwachs zugeführt.

Hinweis

Da durch Ölbad beheizte Schmelzbehälter auch mit höheren Temperaturen betrieben werden können, sind sie ebenfalls zur Entseuchung des Wachses geeignet. Dazu muss es für fünf Stunden auf 130 °C erhitzt werden (Verwaltungsvorschrift von NRW).

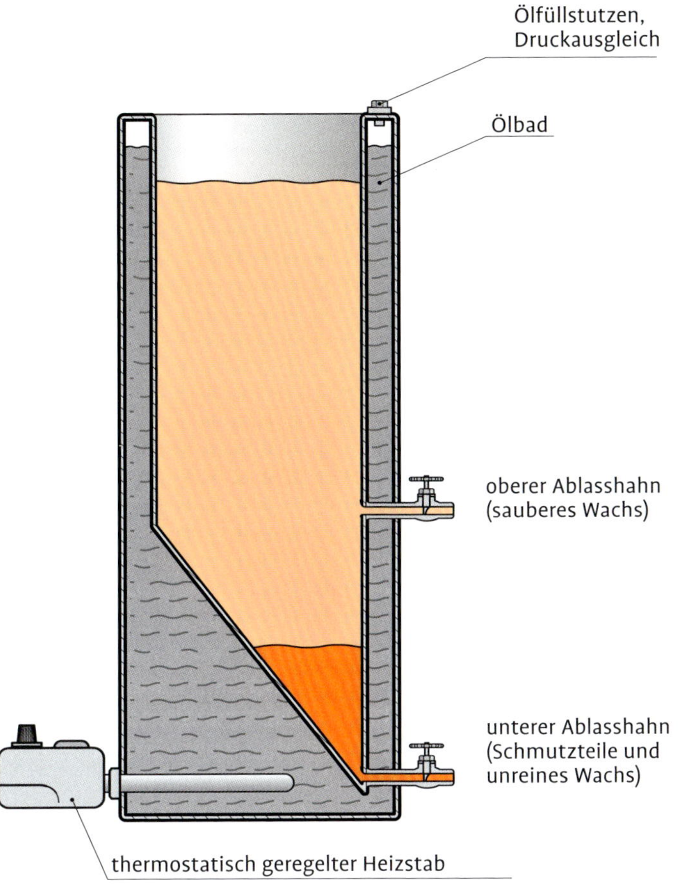

In einem durch ein Ölbad beheizten Behälter kann Wachs tagelang flüssig gehalten werden, ohne aufzuwallen. Die Schmutzpartikel setzen sich im keilförmigen Boden ab und können dort über einen separaten Ablasshahn vom sauberen Wachs darüber getrennt werden.

Feinreinigung und Schönen mit Zusätzen

Blockwachs, das nicht sorgfältig verarbeitet wurde, zum Beispiel mit hartem Wasser, ungeeignetem Metallgeschirr oder schlecht verzinntem Wabendraht erhält eine unschöne Farbe oder es beginnt zu verseifen, was sich durch einen weichen, schmierigen Wachsboden bemerkbar macht.

Für den Eigenbedarf ist die Farbe der Mittelwände lediglich ein Schönheitsfehler. Die Bienen stören sich nicht daran. Von professionellen Mittelwandherstellern werden allerdings schöne helle Ware und beim Kerzenwachs eine angenehm hellgelbe Farbe und ein seidiger Glanz erwartet.

Zum Aufhellen des Wachses kommen meist Säuren zum Einsatz, die auch die Verseifung teilweise rückgängig machen. Dabei wird nicht nur ein positiver Farbumschlag bewirkt, sondern zusätzlich feinste Partikel gebunden, die sich in Wasser nicht lösen. Vor dem

Verfestigen des Wachses setzen sich die ausgefällten Stoffe, wie bei der üblichen Schwereklärung unten am Block ab.

Vorgehensweise

Schritt 1. Sie ist bei allen Säurebehandlungen gleich. Der Wachsbehälter muss aus säurefestem Material bestehen (Edelstahl V4 A, Emaille oder säurebeständiger Kunststoff) und nach oben genügend Platz zum Aufrühren lassen.
Schritt 2. Den Behälter füllen Sie mit Wachs und einem 5 bis 10 cm hohen Wasseranteil und erhitzen ihn in einem Wasserbad, zum Beispiel einem Kochautomaten auf etwa 80 °C.
Schritt 3. In dieses flüssige Wachs-Wassergemisch geben Sie nun die Säure hinzu und rühren das Ganze sehr intensiv durch. Es genügt nicht, das Wachs einfach sitzen zu lassen oder mit einem Holzstab durchzurühren. Sie müssen dafür sorgen, dass das säurehaltige Wasser völlig mit dem Wachs durchwirbelt wird – also kurzzeitig eine Art Emulsion entsteht. Dies geht recht gut mit einer Bohrmaschine und Rührstäben oder -flügeln, wie sie auch zum Honig- oder Zuckerwasserrühren verwendet werden.

Je nach Verschmutzungsgrad kann das gesäuerte Wasser nach dem Abkühlen aufgefangen und für eine weitere Behandlung verwendet werden. Der Wachsblock ist gut mit Wasser zu spülen und in gewohnter Weise zu reinigen. Sollte das Wachs danach noch etwas nach Säure riechen, schmelzen Sie es noch einmal mit viel weichem Wasser auf.

Bei richtiger Durchführung leidet die Wachsqualität nicht unter einer Säurebehandlung. Dennoch sollte sie nur angewandt werden, wenn es unbedingt erforderlich erscheint. Für den Umgang mit Säuren sind notwendige Sicherheitsvorkehrungen zu berücksichtigen wie Schutzbrille, säurebeständige Schutzhandschuhe, Gummischürze, Gummistiefel, Waschgelegenheit, Seife.

Schwefelsäure

Die Aufhellung mit Schwefelsäure wird immer wieder beschrieben. Sie ist aber die gefährlichste aller zu diesem Zweck verwendeten Säuren. Es besteht nicht nur Verletzungsgefahr, das Wachs kann bei Fehlanwendung sogar „verbrennen“ und unbrauchbar werden. Das Wachs verliert an Glanz, was den Wert für die Kerzenherstellung vermindert.

Aus diesen Gründen sollten Sie die anderen Säuren zur Wachsaufhellung vorziehen. In der Literatur wird eine Aufwandmenge von 3 g Schwefelsäure je 40 kg Wachs angegeben. Das Wachs schäumt nach der Zugabe der Schwefelsäure auf. Vor dem Einleiten des schwefelsauren Wassers in die Abwasserleitung müssen Sie dieses mit Lauge neutralisieren.

Oxalsäure

Durch die *Varroa*-Behandlung haben die meisten Imker Erfahrung im Umgang mit Oxalsäure und sie ist in vielen Imkereibetrieben vorrätig. Dadurch wird sie auch häufiger verwendet, als die gefährliche Schwefelsäure. Die Reste sind, da biologisch leicht abbaubar, auch weniger problematisch. Die Dosierung richtet sich nach der Wassermenge. Auf einen Liter Wasser werden drei Gramm kristallines Oxalsäuredihydrat gerechnet, das sich im warmen Wasser sehr schnell löst.

Zitronensäure

Diese Säure ist am unbedenklichsten, da sie sogar im Lebensmittelbereich zum Einsatz kommt. Sie wird mit 1 g je kg Wachs dosiert, muss sich auch im Wasseranteil lösen und mit dem Wachs gut durchmischt werden. Nach der Zitronensäurebehandlung bleibt der natürliche Seidenglanz des Wachses erhalten. Auch mit normalem Zitronensaft kann man schon eine sichtbare Wirkung erzielen.

Wasserstoffperoxid

Bei richtiger Säurebehandlung gewinnt das Blockwachs wieder seine goldgelbe Farbe. Edelste Bienenwachskerzen sind jedoch von weißer Farbe wie das Jungfernwachs. Im 200-seitigen Werk „Die Kunst des Wachsziehens“ von Hamel du Monceau ist eines der drei Kapitel alleine dem Bleichen des Wachses gewidmet. In früheren Zeiten verarbeitete man das Wachs in kleine Plättchen oder Flocken, indem man es auf gewässerte Walzen tropfen ließ oder mit Ziehmessern zu Spänen zerkleinerte. Danach ging es auf die Sonnenbleiche, so wie die Wäsche. Ein heikles Unterfangen, da Wind und Sturm sehr schnell eine ganze Charge zunichte machen konnten. Auch musste das auf Leinentüchern ausgebreitete Wachs ständig gewendet und gewässert werden. Deshalb gehörte das *Cera alba* damals zu den wertvollsten Wachsen. *Cera alba* ist härter als *Cera flava*, das gelbe Wachs. Für den pharmazeutischen und kosmetischen Bedarf wird die Bleichung auch mit essigsaurer Tonerde oder Aktivkohle vorgenommen.

Heute wird zum Weißbleichen des Wachses Wasserstoffperoxid (H2O2), wie es auch beim Bleichen von Zellstoff, Hölzern oder Haaren zum Einsatz kommt, verwendet. Dabei geht nicht nur die Farbe, sondern zumindest teilweise auch der Duft des Wachses verloren. Dieser wird zum Teil wieder durch künstliche Aromen zugesetzt, um die Erwartungen des Verbrauchers zu bedienen.

Die Dosierung von H2O2 gehört offenbar zu den Berufsgeheimnissen der Wachszieher. Im Prinzip funktioniert es ähnlich wie die Aufhellung mit Säuren.

In Imkerkreisen wird dieses Verfahren überhaupt nicht angewandt, zumal für den Imker die natürliche und typische Wachsfarbe in Gelbtönen leuchtet.

Fehlgeruch neutralisieren
Schlecht oder untypisch riechendes Wachs, etwa aus teilweise verschimmelten Waben, kann durch Zugabe von einer Handvoll Kochsalz etwas neutralisiert werden. Die Vorgehensweise ist wie bei Säurebehandlung. Allerdings ist eine fachgerechte Verarbeitung einwandfreier Rohstoffe immer besser, als kosmetische Rettungsversuche. Verbessern lässt sich ein „verdorbenes“ Wachs nicht mehr.

Rähmchen reinigen

Da bei vielen Wachsgewinnungsverfahren die Waben direkt aus den Rähmchen geschmolzen werden, gehört das weitere Vorgehen mit jenen ebenfalls zum Thema. Die Rähmchen und der darin eingezogene Draht sollen für den erneuten Einsatz erhalten bleiben. Je nach Schmelzmethode sind sie aber noch mit Trester und Restwachs verkrustet und auch die Propolis-Spuren sollen beseitigt werden. Sie können die Rähmchen mühsam abkratzen, was aber wenig zur optischen Verbesserung beiträgt.

Besser ist es, sie in heißer Natronlauge (1 % Ätznatron = Natriumhydroxid-Lösung) zu waschen. Dazu heizen Sie den Waschkessel und arbeiten mit Schutzbrille und -handschuhen, Gummistiefeln und -schürze, bürsten die Reste vom Holz und entfernen vorsichtig auch die restlichen Anhaftungen am Draht, ohne ihn zu verletzen. Da dieser Vorgang sehr zeitintensiv und gefährlich ist, wurde nach einer neuen Methode gesucht.

Mit dieser Vorrichtung lassen sich die Rähmchen bündelweise in ein Reinigungsbad tauchen.

Ein ausrangierter, aber in den Grundfunktionen noch intakter Geschirrspüler ist die Lösung. Falls die einzelnen Spülvorgänge nicht manuell ansteuerbar sind, sollte ein Elektrofachmann Heizung und Pumpe auf separate Schalter legen, da alle Programmfunktionen für den neuen Bestimmungszweck überflüssig sind. Außer oberem und unterem Sprüharm sind alle Innereien auszubauen um Platz zu gewinnen.

Füllen Sie die Maschine mit zehn Litern (typenabhängig) heißem Wasser. Die Rähmchen stapeln Sie auf den unteren Geschirrwagen und fahren ihn hinein. In den laufenden Waschgang fügen Sie soviel in Wasser aufgelöstes Ätznatron hinzu, dass sich eine etwa 3 %ige Lauge ergibt (hitzebeständiges Gefäß, Schutzbrille, Schutzhandschuhe!). Nach 20 Minuten Laufzeit sind die Rähmchen sauber. Sie müssen nur noch gründlich mit einem Wasserstrahl nachgespült und zum Trocknen locker aufgestapelt werden. Die Restlauge können Sie mit Essigsäure neutralisieren und stark verdünnt über die Kanalisation entsorgen.

Der Fachhandel bietet zur Säuberung von Beuten und Rähmchen auch spezielle Reiniger an. Während das schweizerische Produkt HelaApi 898 zur kalten Anwendung geeignet ist, kommt HelaApi 899 warm zur Anwendung (Fa. Andermatt Biovet). Seewald Chemie, Unna, bietet neben einem „Reiniger für Imkereien", sogar einen besonderen „Reiniger für Imkerei-Spülmaschinen" an. (Bezugsadressen im Anhang)

Der Draht wird mit einem Zahnradspanner gestrafft und ist so zur Aufnahme einer neuen Mittelwand vorbereitet. Dabei genügt es meist, etwa 10 cm einer Drahtlänge zu wellen um die nötige Spannung zu erzeugen.

Geschirrspülmaschine zum Rähmchenreinigen, links Dr. Neumanns Wabenschmelzkiste.

Nach der Reinigung mit einer Lauge müssen die Rähmchen gründlich abgespült werden.

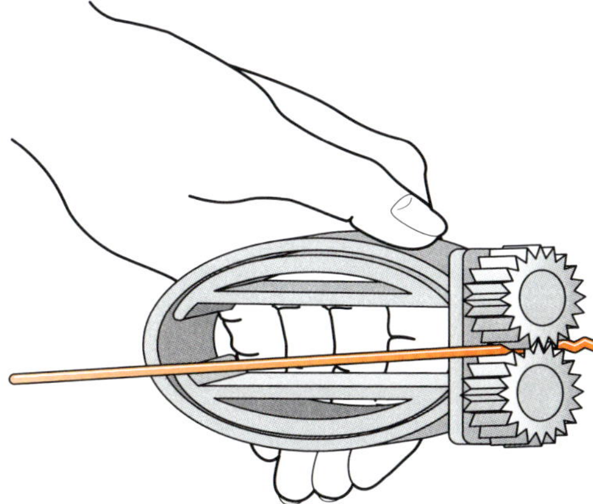

Ein Zahnradspanner darf in keiner Imkerei fehlen. Auf sehr einfache Weise faltet er den Draht und bringt ihn so auf Spannung.

Qualitätsmerkmale von Bienenwachs

Einfache Prüfkriterien für Bienenwachs

Probe	Test	Ergebnis
Farbe		Gelb bis graubraun, nach Eisenkontakt bis dunkelbraun Jungfern- oder gebleichtes Wachs weiß
Bei 20 °C Wachstemperatur:		
Geruch	Erbsengroßes Stück aus feuerfester Unterlage erhitzen.	Geruch muss angenehm sein! Kann vom zuletzt eingelagerten Honig beeinträchtigt werden.
Kauprobe	Erbsengroßes Stück kauen.	Es darf nicht an den Zähnen kleben!
Bruchprobe	Ein Stück Wachs abbrechen.	Bruchstelle muss feinkörnig, stumpf, nicht kristallin sein!
Schnittprobe	Probe mit einem scharfen Messer zerschneiden	Schnittfläche und Messer dürfen nicht klebrig sein!
Ritzprobe	Mit Fingernagel, Spatel oder Messerspitze ritzen.	Späne müssen spiralartig aussehen!
Kreideprobe	Strich auf den Wachsblock malen.	Kreidestrich muss auf Probe haften bleiben!
Knetprobe	Erbsengroßes Stück 10 Minuten kneten und auseinanderziehen.	Probe muss plastisch knetbar sein, ohne die Finger zu beschmutzen! Darf bei Auseinanderziehen nicht glänzen und muss stumpf (kurz) abreißen!

Nach einem nicht fertig ausgearbeiteten Normblatt aus den 1950er-Jahren. Dreher: die Biene 10/1984

Nicht zu den Wachsfehlern zählt das Grauwerden von Blockwachs, Mittelwänden und Kerzen nach längerer kalter Lagerung. Im Gegenteil! Es handelt sich eher um ein Echtheitszeichen für reines Bienenwachs. Der Imker bezeichnet diese natürliche Patina auch „Wachsblüte“. Der Laie könnte auf den falschen Verdacht kommen, es gehe um eine Art Schimmel. Bei genauer Untersuchung stellt man aber fest, dass es sich um eine Kristallbildung an der Wachsoberfläche handelt. Diese lässt sich einfach durch vorsichtige Wärmeeinwirkung bis ca.30 °C, etwa mit einem Föhn oder einer anderen Wärmequelle (hinter dem Sonnen beschienenen Fenster oder in der Nähe des Ofens) beheben. Auf glatten Oberflächen kann man den Belag auch einfach mit einem weichen Lappen abwischen. Vermindern lässt sich die Wachsblüte durch dauerhafte Lagerung bei Zimmertemperatur. Eine Kerze kann man auch durch einen Anstrich mit speziellem Kerzenlack vor Wachsblüte schützen. Das macht man allerdings nur mit Schaukerzen, die eher nicht abgebrannt werden.

Sicher ersetzen obige Prüfverfahren keinen Labortest. Sie schärfen aber das Bewusstsein dafür, wie unverfälschtes Wachs aussieht und riecht, wie es sich anfühlt oder verhält. Sind Mittelwände aus ge-

Bei der sogenannten Blütenbildung handelt es sich um Kristalle, die bei kalter Lagerung aus dem Bienenwachs austreten.

Mit Wachsblüte ergraute Mittelwände kann man einfach mit einem Föhn auffrischen.

panschtem Wachs erst einmal im Bienenvolk, macht sich dies, je nach verwendetem Streckmittel unterschiedlich bemerkbar. Ein bereits gering erhöhter Stearinanteil führt zum Beispiel dazu, dass auf solchen Mittelwänden keine Brut aufgezogen werden kann. Man findet darauf immer nur Eier vor. Die jungen Larven sterben sofort ab und die Zelle wird neu bestiftet. Andere Verfälschungen (z. B. mit Paraffin) haben eine geringere Stabilität zur Folge. Die Mittelwände brechen unter dem Gewicht des Honigs zusammen.

Die Wabe aus einer mutmaßlich mit Paraffin verfälschten Mittelwand bricht unter dem Gewicht des Honigs zusammen.

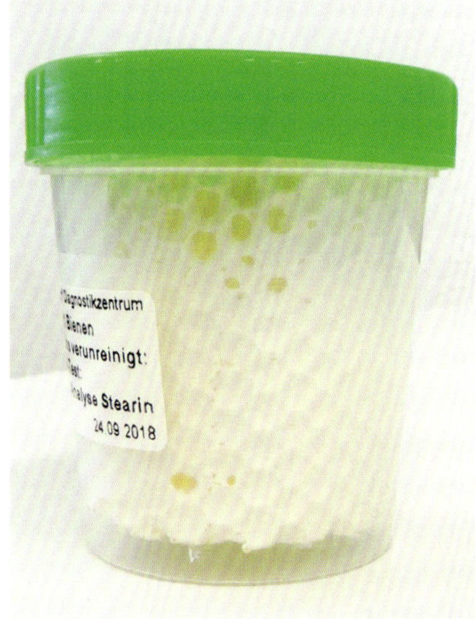

Die Probe zeigt beim Test einen deutlichen weißen Belag.

Eine unverfälschte Probe weißt beim Test keinerlei Veränderungen auf.

Eine Verfälschung mit Stearin kann sehr leicht mit folgendem Test festgestellt werden: Ein Stück Mittelwand wird in eine Glasschale gelegt und mit nicht entkalktem handelsüblichem Mineralwasser etwa 1 cm hoch übergossen. Nach 24 bis 48 Stunden im Brutapparat bei 37 °C zeigt sich auf dem verfälschten Wachs ein grauweißer Schleier, der nach Trocknung eine schneeweiß leuchtende Patina bildet. Reines Bienenwachs zeigt bei dieser Prozedur keine Veränderungen (Dr. Frank Neumann, bienen&natur 9/2017)

Das ist natürlich immer noch kein sicherer Nachweis. Dazu bietet das Länderinstitut Hohen Neuendorf zu relativ günstigen Konditionen einen Schnelltest an. Weitere Wachsuntersuchungen bietet Ceralyse in Celle an. Die Landesanstalt für Bienenkunde in Stuttgart Hohenheim ist außerdem auf die Untersuchung von Rückständen im Bienenwachs spezialisiert. (Adressen siehe Anhang)

Für Bienenwachs gibt es bis heute keine verbindlichen Standards. Aufgrund der sich häufenden Wachsskandale ist eine ISO-Normierung von Bienenwachs in Vorbereitung und manche Mittelwandhersteller bieten schon heute für ihre Ware freiwillig ein Zertifikat an.

Imkerliche Bienenwachsverarbeitung

Die zentrale Rolle spielt dabei die Mittelwandherstellung, bei der zwei grundlegend verschiedene Verfahren unterschieden werden: das Gießen und das Walzen. Gegossen werden Mittelwände einmal mit Plattengießformen nach dem Prinzip „Waffeleisen": Flüssigwachs hinein – zuklappen – aufklappen – fertig. Es gibt aber auch Gießverfahren, wo das Flüssigwachs direkt auf rotierende Walzen läuft und dabei das Endlosband einer Mittelwand entsteht, das aber gleich beim Verlassen der Maschine auf das richtige Format geschnitten wird.

Diese Methode wird häufig mit dem Walzen der Mittelwände verwechselt und ist wegen des erheblichen technischen Aufwandes Wachsverarbeitungsbetrieben vorbehalten. Beim Walzen der Mittelwände muss zunächst eine Platte gegossen werden, die dann wie mit einer Nudelmaschine immer dünner und länger ausgewalzt wird und beim letzten Durchgang die Zellprägung erhält.

Wichtig

Gegossene Mittelwände verändern sich in der Stockwärme des Bienenvolkes kaum, auch wenn sie sehr dünn ausgefallen sind. Beim Walzen dagegen wird die innere Struktur des Wachses durch eine Art Knetvorgang verändert, wodurch sich die so gefertigten Mittelwände leicht verziehen können. Dem können Sie entgegen wirken, indem Sie die Mittelwände etwas dicker walzen.

Für den Eigenbedarf ist die Dicke der Mittelwände kein Problem, denn das Wachs bleibt ja im Betrieb. Müssen Sie die Mittelwände kaufen, achten Sie natürlich auf eine möglichst hohe Stückzahl je Kilogramm. Bei diesen relativ dünneren Mittelwänden müssen die Bienen zum Wabenbau mehr eigenes Wachs hinzufügen. Der Wachszugewinn ist also etwas höher.

Streitpunkt Zellgröße

Immer wieder wird die Frage diskutiert, ob die zurzeit verwendete Zellgröße mit der Entwicklung der Technik über Jahrzehnte absichtlich erweitert wurde, nach der Devise: Größere Zellen = größere Bienen = mehr Honig. Man versucht dabei die aktuelle Zellgröße von 5,2 – 5,4 mm auf 4,8 mm zu reduzieren. Die Absicht dabei ist, die Bienen gesünder und mit weniger Varroamilben aufzuziehen. Da die Bienen die Umstellung der Zellgrößen nicht in einem Schritt bewältigen, muss zunächst eine Generation Bienen auf einer Zwischengröße aufgezogen werden. Ein kompliziertes und sehr aufwendiges Unterfangen, das sich lohnen würde, wenn es zum Ziel führt. Leider haben sich bis heute viele Imker auf dieses kostspielige und arbeitsaufwendige Abenteuer eingelassen, ohne dass je der wissenschaftliche Nachweis erbracht wurde, dass in kleineren Zellen gesündere Bienen aufwachsen.

Pflege der Geräte

Besonders bei den Geräten mit rotierenden Walzen müssen Sie darauf achten, dass keine Fremdkörper dazwischen kommen. Ein Nagel oder eine Schraube würde die Prägung zerstören und die Maschine müsste kostspielig repariert werden. Auch bei herkömmlichen Mittelwandpressen dürfen verklebte Wachsreste keinesfalls mit einem Metallgegenstand herausgepult werden. Dazu allenfalls ein Holzstäbchen verwenden. Größere Verklebungen können Sie mit heißem Wasser wegspülen und mit einem Haushaltsreinigungsmittel reinigen.

Die Präzision einer Mittelwandform oder -walze lässt sich am besten am Mittelwandstapel kontrollieren. Sind die Werkzeuge nur um ein Geringes verzogen, beispielsweise weil die Form einmal zu Boden gefallen ist oder die Walzen nicht genau parallel laufen, summiert sich dieser Fehler mit jeder Mittelwand, die Sie oben auflegen. An einer Ecke oder auf einer Seite wird der Stapel sichtbar höher. Geringe Fehler sind tolerabel. Größere Differenzen sollten Sie beim Hersteller korrigieren lassen.

Tipp

Zur Mittelwandherstellung sollten Sie nicht ausschließlich Jungfern- oder Entdecklungswachs verwenden. Reinwachs aus Altwaben hat eine bessere Elastizität. Deshalb sollten Sie besonders für gegossene Mittelwände möglichst ein Wachs verwenden, das zumindest teilweise aus Altwaben gewonnen wurde.

Wachsqualität

Überraschenderweise stellen die Bienen an die Wachsqualität in den Mittelwänden keine sehr hohen Ansprüche. Es ist sogar schon gelungen, die Bienen Mittelwände aus synthetischem Wachs ausbauen zu lassen. Verfälschungen mit Billigrohstoffen führten aber auch schon zu üblen Folgen wie mangelnde Stabilität oder absterbende Brut. Der Imker wird also bestrebt sein, nur einwandfreies und sauber verarbeitetes, reines Bienenwachs zum Einsatz zu bringen.

Walzengießverfahren

Eine Mittelwandgießmaschine ist in mehreren Stufen aufgebaut, die alle aufeinander abgestimmt werden müssen, um eine optimale Produktionsgeschwindigkeit zu erreichen. Im Wachsschmelzer, der an der höchsten Stelle stehen muss, wird das Wachs vorgeschmolzen und fließt von dort in den Wachsvorratsbehälter. Aus diesem Tank werden die Mittelwände gegossen, weshalb das Wachs eine konstante Temperatur haben muss. Wie hoch diese ist, hängt von der Temperatur und Laufgeschwindigkeit der Maschine und der Raumtemperatur ab. Der Ablasshahn des Wachsbehälters ist genau mittig über den nebeneinander laufenden Gießwalzen positioniert. Die Laufgeschwindigkeit

Das flüssige Wachs fließt in den engen Spalt zwischen den nebeneinander liegenden Walzen der Gießmaschine.

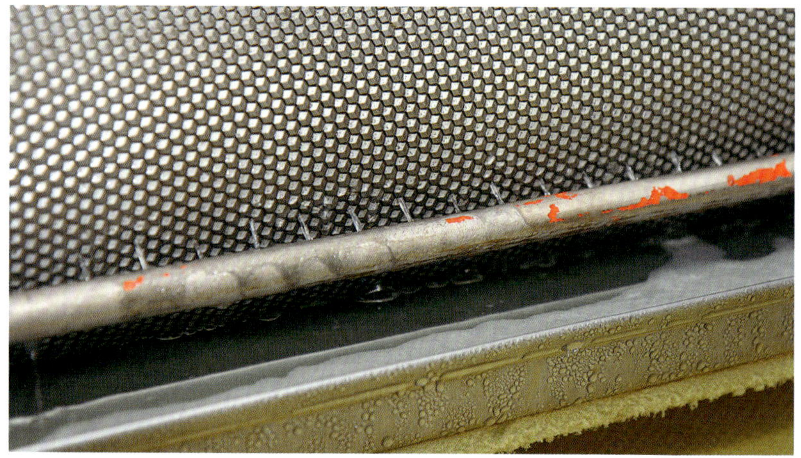

Gieß- und Prägewalzen müssen stets mit Trennmittel benetzt werden.

Die Wachsbahnen werden mit Rollenmesser auf die gewünschte Breite geschnitten.

des Wachses wird über den Ablasshahn so reguliert, dass eine gewünschte Wachsbandbreite entsteht. Beide Walzen sollen gleichmäßig mit einem Lösemittel benetzt sein, das im Umwälzverfahren mit einer Pumpe aus einem Vorratsbehälter gefördert wird. Hat die Maschine nach dem Anlaufen die Betriebstemperatur erreicht, erfolgt die Kühlung der Walzen allein über das Lösemittel.

Die frisch gegossene Wachsbahn verlässt die Walzen und passiert zwei Schneiderollen, mit denen die Breite der Bahn, entsprechend des gewünschten Wabenmaßes, festgelegt wird. Zum Schluss schert eine automatische Ablängvorrichtung die Mittelwände auf die endgültige Größe.

Plattengießverfahren

Mit den Metallformen hat die Mittelwandherstellung den Weg in die Imkerpraxis gefunden. Sie wurden aus Zinkblech und Kupfer gefertigt und sind heute nur noch auf dem Gebrauchtmarkt zu finden. Diese Formen nutzen sich bei sorgfältiger Pflege kaum ab und können auch nachverzinnt werden. Beim Kauf sollten Sie eine Kupferform bevorzugen, da diese die Wärme besser ableitet als eine aus Zinn.

Materialien

- Gießform, möglichst aus Kupfer, verzinnt
- Lösemittel
- Elektrischer Kochautomat (Weckkessel)
- Edelstahleimer
- Edelstahlsieb mit Leinen- oder Baumwolltuch
- Schöpfkelle
- Messer
- Schneidunterlage
- Mittelwandschablone
- Alte Zeitungen

Eine Mittelwandgießform besteht aus zwei Teilen: einer Wanne, die mit Wachs gefüllt wird und einem Deckel als Gegenstück. An seinen hinteren Ecken besitzt er je eine Kugel, die in einer gefederten Pfanne der Wanne eingesetzt wird und das Scharnier bildet. Diese Zweiteiligkeit ist vorteilhaft beim Ausformen der Mittelwand.

Vorgehensweise

Schritt 1. Die Gießform stellen Sie auf einen Tisch und unterlegen sie mit einem mehrmals gefalteten nassen Tuch, das die Wärme aufnehmen soll. Rechts davon (Linkshänder = links) stellen Sie auf einen Hocker einen Einweckkessel mit Wasser, in den Sie einen Edelstahleimer als Wachsbehälter stellen. Das Wachs wird bei 80 °C geschmolzen und bereitgestellt.

Tipp
Eine zweite Schmelzgelegenheit vermeidet größere Pausen, denn das Wachs kühlt sehr rasch ab, wenn Sie mit den anfallenden Wachsresten und neuer Blockware ständig nachfüllen.

In das Wachs hängen Sie ein Edelstahlsieb, beispielsweise ein Fleischbrühsieb aus dem Haushaltswarengeschäft, das Sie außen mit einem Leinen- oder Baumwolltuch umkleiden. Das Wachs muss jetzt das Tuch passieren und gelangt in das Sieb, aus dem das Wachs zum Gießen entnommen wird. Dies garantiert ständig sauberes Wachs und verhindert das versehentliche Eindringen von Fremdkörpern, die die Form beschädigen oder die Mittelwand verderben könnten. Im Sieb legen Sie eine Schöpfkelle ab, deren Volumen etwa der benötigten Wachsmenge entspricht.

Schritt 2. Jetzt fehlt noch das Lösemittel. Manche Imker sagen auch „Lösungsmittel“, was aber irreführend ist. Es soll nichts aufgelöst werden. Ohne diese Komponente würde jedoch das Wachs in der Form kleben bleiben. Als Lösemittel können Sie das im Handel erhältliche „Wabelos“ verwenden. Ein nussgroßes Stück dieser seifen-artigen Masse in einem Liter Wasser aufgelöst und die Mischung ist gebrauchsfertig. Tatsächlich geht es auch mit Schmierseife, wobei Sie etwa 10 g in einen Liter Wasser auflösen.

Das Lösemittel stellen Sie links von der Gießform in einem breiten, nicht zu hohen Gefäß bereit, darin eine Schöpfkelle oder einen Messbecher, mit dem die jeweils benötigte Menge abgemessen werden kann.

Lösemittel selbst gemacht

Die beliebteste ist eine Mischung aus drei Teilen Brennspiritus, zwei Teilen Wasser und einem Teil Honig. Eine interessante Variante, die im Notfall auch ganz gut funktioniert, ist Kartoffelwasser. Rohe Kartoffeln fein in kaltes Wasser reiben und die groben Teile absieben. Das feine Stärkemehl legt sich zwischen Form und Wachs und verhindert ein Verkleben.

Schritt 3. Zuerst hängen Sie den Deckel der Form ein, öffnen Sie ihn mit der rechten Hand und halten Sie ihn fest. Gießen Sie jetzt mit der linken Hand das Lösemittel ein und schließen die Form vorsichtig, dass es nicht spritzt. Nun wird das Trennmittel über die linke Ecke der Form wieder ausgegossen, indem Sie den Deckel mit dem Daumen der rechten Hand leicht anheben. Der Deckel hat dazu eigens einen Ring. Dies verhindert, dass zu viel Flüssigkeit in der Form bleibt. Jeder größere Tropfen kann zu Fehlprägungen und in den fertigen Waben zu Drohnennestern führen. Auf den feuchten Lappen zurückgestellt, halten Sie den offenen Deckel nun mit der linken Hand fest, gießen eine Schöpfkelle Flüssigwachs ein und schließen den Deckel zügig aber dennoch vorsichtig, damit das Wachs nicht überschwappt. Am Ende noch den Deckel für einige Sekunden fest andrücken. Jetzt

Die verzinnte Kupferform wird mit Lösemittel gefüllt, geschlossen …

… und bei leicht angehobenem Deckel wieder geleert.

Jetzt wird zügig das Flüssigwachs eingefüllt und der Deckel zugepresst.

Tipp

Ein optimales Ergebnis erzielen Sie erst, wenn die Form auf Betriebstemperatur gekommen ist.
- Sind die Mittelwände beim Ausformen zu weich, reduzieren Sie etwas die Wachstemperatur.
- Erscheinen sie zu dick und brüchig, ist das Wachs eventuell nicht warm genug gewesen. Wenn das Wachs bereits beim Befüllen der Form erstarrt, oder das Schließen zu lange dauert, entsteht entlang der nicht zeitgleich erstarrten Bereiche eine Bruchstelle. Das Wachs hat sich nicht verbunden. Dann schließen Sie die Form zügiger oder erhöhen Sie etwas die Temperatur.

ist die Mittelwand fest, nicht aber das meiste Wachs in der den Deckel umgebenden Rinne der Form. Diesen Wachsüberschuss können Sie über die rechte Ecke der Form zurück gießen.

Schritt 4. Jetzt kommt der spannende Moment der Ausformung. Dazu heben Sie vorsichtig die Kugel eines Scharniers aus der Pfanne und den Deckel aus der Form. Hat sich das Wachs zu sehr mit dem Unterteil der Form verbacken, lösen Sie es zunächst vom Rand her vorsichtig mit einem Messer. Jetzt können Sie die Mittelwand vom Deckel abziehen und zum Beschneiden bereitlegen. Manche Imker schneiden den Wachswulst am Deckel gleich ab. Damit zerstören Sie jedoch die Zinnauflage, die dann immer wieder erneuert werden muss.

Schritt 5. Jetzt müssen Sie die Rohmittelwände nur noch auf die passende Größe schneiden. Dazu können Sie aus einem Blech oder einem Sperrholzbrettchen eine Lehre nach der gewünschten Mittelwandgröße bauen. Noch besser geeignet ist eine Acrylglasplatte. Ein Griff verbessert die Handhabung. Legen Sie die Rohmittelwand nun auf eine flache, schneidfeste Unterlage, setzen Sie die Schablone so auf, dass eventuelle Fehlprägungen außerhalb der Mittelwand liegen. Dann schneiden Sie die Mittelwand mit einem Messer oder Rollenmesser (Pizzaschneider) zurecht.

Schritt 6. Die zugeschnittenen Mittelwände stapeln Sie nun abwechselnd mit Zeitungspapier auf, welches die Feuchtigkeit aufnehmen soll. Nach einigen Tagen schichten Sie die Mittelwände um und legen neues Zeitungspapier dazwischen. Dadurch wird Schimmelbildung zwischen den Mittelwänden vermieden). Nur wenn Sie die Mittelwände alsbald einlöten, können Sie auf das Trocknen mit Zeitungspapier verzichten.

Mit einer Schablone werden die Mittelwände auf das Maß geschnitten und zum Abtropfen zunächst senkrecht gestellt.

Zum Trocknen werden die feuchten Mittelwände zwischen Zeitungspapier gestapelt.

Arbeitserleichterung

Die Mittelwandherstellung mit einer althergebrachten Form benötigt viele Arbeitsschritte mit einem schweren Arbeitsgerät. Deshalb haben findige Imker sogenannte Gießböcke erfunden, mit dem sich die Form ganz leicht nach den zwei Seiten abkippen lässt ohne in den Wachs- oder Lösemittelbehälter zielen zu müssen.

Gießen mit der Silikonform

Die Beschreibung der Mittelwandherstellung mit einer Kupferform macht deutlich, wie viele Arbeitschritte bis zur fertigen Mittelwand nötig sind. Deshalb war es ein alter Wunsch der Imker, den Herstellungsprozess wesentlich zu verkürzen. Seit Silikon in viele technische Bereiche vorgedrungen ist, steht ein idealer Werkstoff zur Herstellung von Mittelwandgießformen zur Verfügung. Es lässt sich in flüssigem Zustand zu Formen gießen und das Wachs klebt nicht an. Durch die Einsparung des Lösemittels reduziert sich die Zeit für den Herstellungsprozess um die Hälfte. Da die Formen genau im gewünschten Wabenmaß gebaut werden können, fällt auch der Zuschnitt weg. Außerdem müssen die Mittelwände aus der Silikonform nicht mehr mit Zeitungspapier getrocknet werden. Der wesentliche Nachteil von Silikon für die Mittelwandherstellung ist die relativ schlechte Wärmeleitfähigkeit. Deshalb konnten sich selbstgebaute Formen aus Silikon lange nicht durchsetzen. Die Variante mit Wasserkühlung, wie sie die Firma Graze, Weinstadt, baut, kann heute als Standardgerät für die imkerliche Mittelwandproduktion gelten. Die Prägeform ist noch empfindlicher als eine solche aus verzinntem Kupfer. In der Praxis ist das aber unerheblich, da auch mit Metallformen sehr vorsichtig umgegangen werden muss. Es dürfen keine Fremdkörper eingepresst werden und der Silikonprägung darf nicht mit harten Gegenständen zu Leibe gerückt werden.

Materialien

- Silikon-Gießform, wassergekühlt
- Lösemittel
- Pinsel (zum Beispiel Backpinsel)
- Elektrischer Kochautomat (Weckkessel)
- Edelstahleimer
- Edelstahlsieb mit Leinen- oder Baumwolltuch
- Schöpfkelle
- Spachtel

Bei der wassergekühlten Gießform ist der Deckel durch ein Scharnier mit dem Unterteil verbunden. Ein kleiner Hebel auf der linken Seite erleichtert das Öffnen der Form, die sich nach dem Gießvorgang fest mit dem Wachs verbindet. Die Wasserzufuhr erfolgt über einen Stutzen an der Rückseite, an dem ein Gartenschlauch angeklemmt werden kann. Über ein kurzes Schlauchstück wird das Wasser in den Deckel und mit einem weiteren in den vor der Form befindlichen Ablaufbehälter geleitet. Dieser Ablaufbehälter nimmt nicht nur das abfließende Wasser, sondern auch das beim Gießvorgang überlaufende Wachs auf. Das abfließende Wasser kann von hier aus aufgefangen oder mit einem weiteren Schlauch abgeleitet werden. Doch auch diese Formen kommen nicht ganz ohne Lösemittel aus. Es gibt zwei Stellen, die nicht mit dem wachsabweisenden Silikon beschichtet sind: das Scharnier an der Innen- und der Wachsüberlauf an der Außenseite. Diese

Eine Silikonform braucht nur am Scharnier etwas Lösemittel.

beiden Stellen, besonders aber das Scharnier, müssen regelmäßig mit etwas Lösemittel benetzt werden.

Zum zügigen Arbeiten empfiehlt sich, wie beim Gießen mit der Metallform, ein zweiter Schmelztopf, damit immer vorgewärmtes, flüssiges Wachs nachgegossen werden kann und der zu verarbeitende Wachsvorrat nicht zu sehr abkühlt und gar zu Arbeitsunterbrechungen führt. Im Wachsvorratsbehälter hängt ständig das mit Stoff umgebene Sieb, aus dem das Wachs zum Gießen geschöpft wird. Damit werden Schmutzteile ferngehalten und es wird vermieden, dass vom Boden Wasser aufgerührt wird, was zu Fehlprägungen führen würde.

Vorgehensweise

Schritt 1. Befestigen Sie die Gießform mit zwei Schrauben an der Arbeitsfläche. Rechts (Linkshänder = links) von der Form stellen Sie das Wachs bereit, wie schon beim Gießen mit der Kupferform

Tipp

Auch eine wassergekühlte Silikonform muss erst einmal auf Betriebstemperatur kommen, um ein befriedigendes Ergebnis zu erzielen.

- Kommt es bei der kalten Form noch zu brüchigen Mittelwänden, klappt es dann mit zunehmender Temperaturanpassung immer besser.
- Kühlen die Mittelwände zu langsam ab, reduzieren Sie die Wachstemperatur, denn der Wasserdurchlauf bleibt konstant.
- Fällt das Ergebnis zu dick aus, hat Risse oder Bruchstellen, erhöhen Sie die Wachstemperatur etwas.

Das flüssige Wachs wird zügig eingegossen, …

eventuell rasch etwas auf der Fläche verteilt …

… und die Form rasch verschlossen. Das überschüssige Wachs läuft in den Auffangbehälter.

Ein kleiner Hebel erleichtert das Öffnen der Form.

Silikonformen liefern Mittelwände nach Maß. Ein Zuschnitt ist nicht mehr erforderlich.

beschrieben. Daneben den Behälter mit etwas Lösemittel und Pinsel. Der Wasserhahn wird nur leicht geöffnet. Sobald die Form entlüftet ist und das Wasser abfließt, kann es losgehen.

Schritt 2. Halten Sie mit der linken Hand den Deckel der Form am Griff fest. Mit der anderen gießen Sie das Wachs so ein, dass es sich über eine möglichst weite Fläche und überwiegend im hinteren Teil der Form verteilt. Dann schließen Sie den Deckel zügig und drücken ihn kurz fest. Das Wachs verteilt sich in der Form gleichmäßig und der Überschuss fließt in den Überlaufbehälter ab, wo es sofort im Wasser erstarrt. Dieses Wachs stoßen Sie mit einem Spachtel ab und drücken den Hebel zum Öffnen der Form. Es genügt aber auch, nur mit einer Ecke des Spachtels an der Trennlinie zwischen Formboden und -deckel entlang zu fahren und nur von Zeit zu Zeit den anwachsenden Wachswulst zu entfernen.

Schritt 3. Nach vorsichtigem Heben des Deckels ist sofort ersichtlich, ob die Mittelwand gelungen ist. Ziehen Sie sie nun behutsam aus der Form, ohne zu sehr auf die Prägung zu drücken. An den Druckstellen können später Drohnenzellen entstehen. Ein Beschneiden der Mittelwände erübrigt sich. Sie werden einfach auf einer ebenen Unterlage aufgestapelt.

Statt mit fließendem Trinkwasser kann eine Mittelwandgießform auch mit einem Wasserkreislauf bekühlt werden. Die Wassermenge sollte aber nicht zu klein bemessen sein, damit sie sich nicht zu sehr aufwärmt.

Alternative Kühlmethoden

Manche Imker stören sich am Trinkwasserverbrauch der gekühlten Gießformen und bauten sich deshalb eine Umwälzkühlung.

Dazu benutzen Sie einen mindestens 30 Liter fassenden Behälter, den Sie etwas erhöht neben der Gießform abstellen. Verbinden Sie den Tank über einen Schlauch mit der Gießform. Das Wasser der

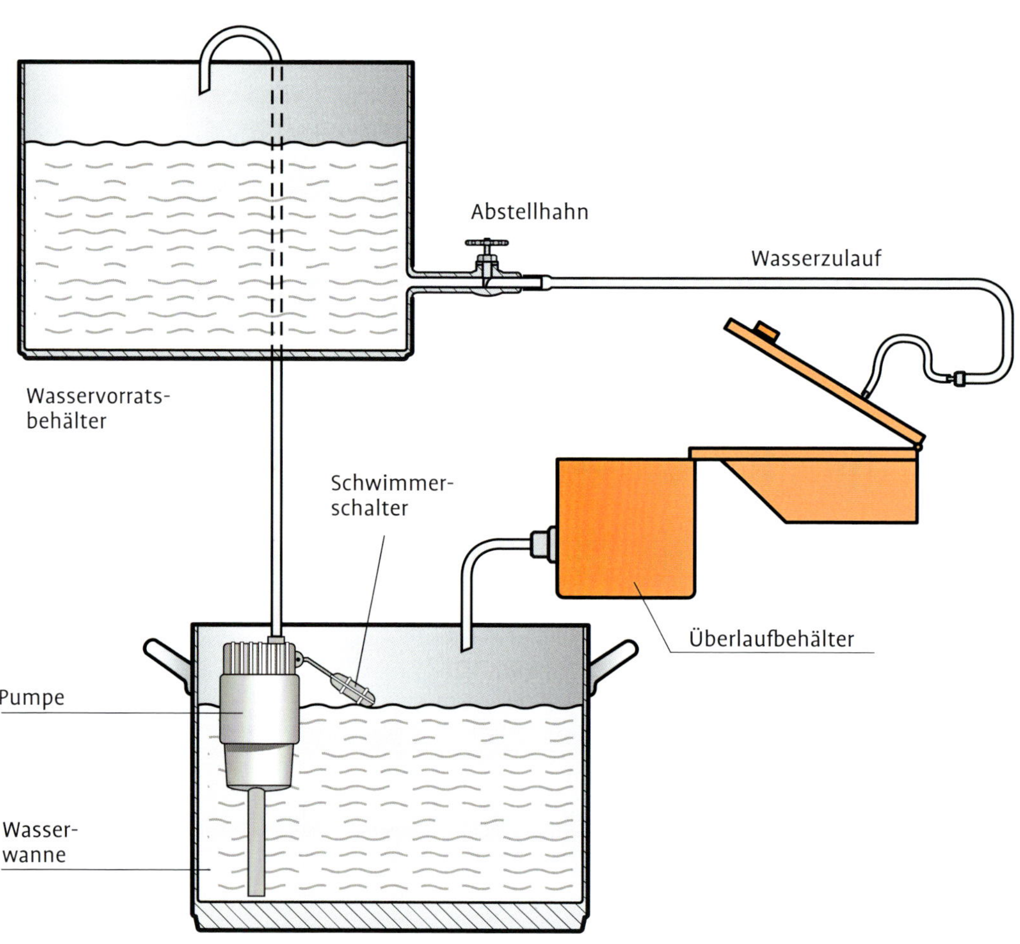

Gießform läuft in eine Wanne ab, von wo es mit einer kleinen Pumpe wieder in den oberen Behälter zurückgefördert wird. Mit einem Schwimmschalter können Sie die Pumpe so regulieren, dass der obere Behälter nicht leer- und die untere Wanne nicht überläuft. Der obere Behälter sollte unbedingt mit einem Abstellhahn versehen sein, damit der Wasserfluss bei Arbeitspausen abgestellt werden kann. Die Kühlbehälter der Form laufen dann nicht leer und müssen beim Fortsetzen der Arbeit nicht erst umständlich entlüftet werden. Mit der Umwälzkühlung können Sie auch an solchen Plätzen Mittelwände gießen, wo kein Wasseranschluss vorhanden ist. Fehlt es aber auch noch am elektrischen Strom, müsste das Kühlwasser von Zeit zu Zeit manuell umgeschöpft werden.

Wasser ist ein sehr guter Wärmeleiter, verlangt aber einen gewissen Aufwand, wenn es darum geht, eine dichte Kühlummantelung herzustellen. Auch ist der Wasserverbrauch nicht gering, wenn die Form an der laufenden Trinkwasserleitung gekühlt wird. Deshalb kam der Imker Erich Alfranseder, Marktl/Inn, auf die Idee, die Silikonform mit einer Luftkühlung zu kombinieren. Die Silikonprägung ist auf Aluminiumplatten aufgearbeitet, auf denen die Lüfter sitzen. Das nach dem Schließen der Form abfließende Wachs gelangt sofort wieder in den heißen Wachstopf und die Form wird mittels Druckluft geöffnet. Darüber hinaus ist bei dieser Form die Dicke der Mittelwand veränderbar.

Andere Kühlverfahren, beispielsweise mittels Kühlakkus, haben sich bisher nicht durchsetzen können.

Herstellung einer Mittelwand-Gießform

Wenn Sie nur wenige Mittelwände benötigen, diese aber unbedingt selbst herstellen wollen, können Sie sich eine Mittelwandgießform auch selbst bauen. Mit Silkonkautschuk ist das, analog zur Herstellung von Kerzenformen aus diesem Material, relativ einfach (siehe Kerzenform aus Silikonkautschuk). Die Mittelwandfertigung läuft wegen der schlechten Wärmeableitung von Silikon aber sehr langsam ab. Auch sind diese Formen selbst im Eigenbau durch die erheblichen Materialkosten von Silikonkautschuk in guter Qualität immer noch recht teuer. Ein kleiner Fehler in der Prägung macht die Form unbrauchbar und die ganze Arbeit war umsonst. Deshalb soll hier der Selbstbau einer Mittelwandgießform vorgestellt werden, die fast alle Erwartungen an eine gute Gießform „Marke Eigenbau" erfüllt: preisgünstig in der Herstellung, robust in der Ausführung und praxisgerecht. Die Bauanleitung geht auf den Imker Walter Maxis aus Weil/Schönbuch zurück, die Dr. Frank Neumann in ADIZ/die Biene/Imkerfreund veröffentlichte. Im Gegensatz zu älteren Anleitungen für Betonformen baut diese Ausführung auf modernsten Materialien auf, ist einfacher herzustellen und im Endprodukt funktionstüchtiger.

Materialliste (Angaben für eine Form)

Stück/Menge	Material	Maße	Zweck
2,3 lfd. m ohne Verschnitt	Wasserfeste Leisten	Breite: 18 mm (Zander) 12 mm (DN)	Verschalung
1	ebene Unterlage		Aufbau der Form
3 kg	Lugato R&R Hochleistungsmörtel oder PCI Repafix		Betonmasse für die Gießform Abbindezeit: R&R 4–8 Std. PCI < 4 Std.
	Drahtgitter oder Kunststoff-Putzgewebe	kleiner als Mittelwandgröße	Stabilisierung der Betonplatten
	Flüssigkunststoff Genius PRO Betonfarb- und Versiegelungsanstrich		
	Zweikomponenten-Epoxidharz-Kleber		Verkleben von Beton und Metall
2	Alu-Flachprofil	3 x 20 x 200 mm	
1	Stabscharnier	32 x 390 mm	Scharnier
4–8	Spax-Schrauben	15 mm	Fixieren des Scharniers bis zur Leimbindung
1	Schubladengriff		Deckelgriff
	Silikon	kleinstmögliche Verkaufsmenge	
1	Fußbodenfliese	300 x 200 mm	
2	Fehlerlose Mittelwände	gewünschtes Wabenmaß	Formvorlage
2	Schraubzwingen		Fixieren der Schalung
1	Pinsel		Auftragen der ersten Mörtelschicht, Kunststoffversiegelung

Zusammenbau

Eine Betonform kann nicht die Wärmeableitung einer Kupferform bringen, deshalb arbeitet es sich bei der Mittelwandherstellung damit um einiges langsamer. Wenn Sie dennoch nicht auf einen zügigen Ablauf verzichten wollen, bauen Sie am besten gleich zwei Formen, die sich ohne Verzögerung abwechselnd befüllen und ausformen lassen.

Schritt 1. Als Vorlage benötigen Sie zwei absolut identische Mittelwände, die Sie peinlich genau auf korrekte Zellprägung überprüfen. Übereinander gelegt müssen beide Prägungen zur Deckung kommen. Dann klappen Sie sie wie die Seiten eines Buches nach der Seite auf

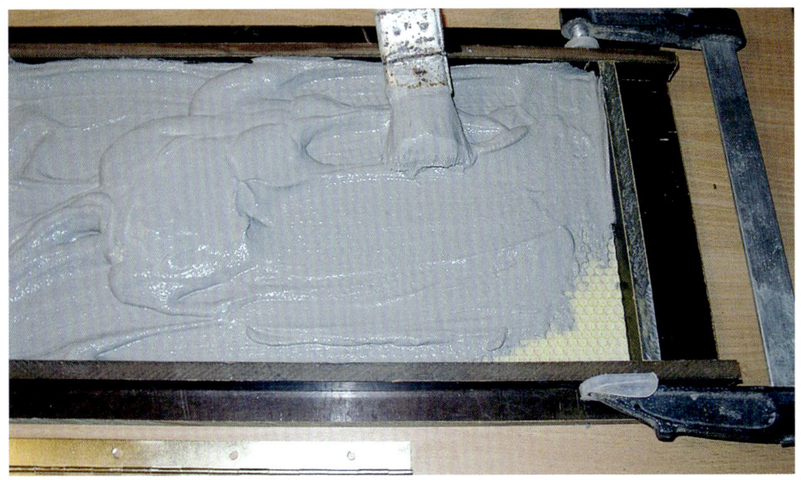

In der Form wird der Beton zunächst mit einem Pinsel verteilt, damit sich keine Blasen bilden.

und legen sie nebeneinander auf eine plane Unterlage (mit Wasserwaage ausrichten).
Schritt 2. Schneiden Sie die wasserfesten Leisten exakt nach den Maßen der Mittelwände zu, wobei zwischen beiden auch eine Trennleiste eingefügt werden muss. Längs- und Querleisten fixieren Sie mit zwei Schraubzwingen.
Schritt 3. Rühren Sie den Mörtel absolut klumpenfrei und gut fließfähig an und tragen Sie ihn in zwei Arbeitsgängen auf. Zunächst in einer dünnen, die Mittelwände gerade bedeckenden Schicht. Diese verteilen Sie mit einem Pinsel sorgfältig so auf der Mittelwand, dass keine Luftbläschen an der Prägung haften bleiben. Das könnte zu Fehlern bei den später gegossenen Mittelwänden führen. Nun füllen Sie die Form bis zur Oberkante der Schalung auf und ziehen Sie sie ab. Zur Stabilisierung können Sie jetzt ein Metall- oder Kunststoffgitter einlegen, wobei Sie darauf achten müssen, dass es nicht zu tief einsinkt und die Prägung beeinträchtigt.
Schritt 4. Nach Abbinden des Zements können Sie die Teile ausschalen. Um Verwechslungen der Seitenausrichtung zu vermeiden, entsprechende Markierungen anbringen!
Schritt 5. Jetzt stellen Sie die Platten senkrecht, lösen die Mittelwände vorsichtig mit einem Messer und ziehen sie ab. Sie bleiben nun über mindestens 48 Stunden senkrecht stehen, um gleichmäßig riss- und verzugfrei austrocknen zu können.
Schritt 6. Nach der völligen Trocknung können Sie die Prägeseiten mit Flüssigkunststoff versiegeln und damit wasserundurchlässig machen. Es empfiehlt sich ein doppelter Anstrich.
Schritt 7. Mit dem weiteren Zusammenbau der Form sollten Sie bis zur vollständigen Aushärtung der Materialien, mindestens eine Woche, warten. Dann kleben Sie mit dem Epoxidharz-Klebstoff zunächst

unter die untere Platte eine Bodenfliese so auf, dass vorn etwa 15 mm überstehen. Hier wird später die Form beim Öffnen festgehalten.
Schritt 8. Jetzt die Platten so zusammenlegen, dass die Prägungen richtig übereinander zu liegen kommen. Dazwischen legen Sie zwei Lagen Zeitungspapier, die Sie kleiner als das Wabenmaß zuschneiden. Dadurch ergibt sich der Abstand zwischen den Platten für die Dicke der Mittelwand. Das Scharnier (Klavierband) wird nun an der unteren Platte angelegt und einige Bohrlöcher zur späteren Fixierung markiert. Die Löcher entsprechend der für das Scharnier nötigen Schraubendicke leicht vorbohren.
Schritt 9. Nun die untere Hälfte des Scharniers mit EpoxidharzKleber bestreichen, mit der unteren Betonplatte verkleben und mit Schrauben in den vorgebohrten Löchern fixieren. Der Kleber darf keinesfalls den Drehbereich des Scharniers verschmieren oder zwischen die Prägeplatten gelangen!
Schritt 10. Nun verkleben Sie die obere Betonplatte auf die gleiche Weise mit dem Scharnier. Die Schrauben können Sie nach dem Aushärten des Klebers auch wieder entfernen.
Schritt 11. An die beiden Schmalseiten der unteren Platten kleben Sie nun die Alu-Flachprofile so an, dass sie oben etwa 4 mm überstehen. Sie halten später das flüssige Wachs in der Form und sorgen für eine scharfe Seitenkante der Mittelwand.
Schritt 12. Die vorderen Außenflächen streichen Sie nun dünn mit Silikon ein, um später das Verkleben mit dem überlaufenden Wachs zu unterbinden.
Schritt 13. Zum Schluss kleben Sie noch den Schubladengriff im vorderen Drittel mittig am Deckel an.

Gießen mit der Betonform

Materialien

- Gießform
- Zerstäuber mit Wasser und einigen Tropfen Geschirrspülmittel
- Elektrischer Kochautomat (Weckkessel)
- Edelstahleimer
- Edelstahlsieb mit Leinen- oder Baumwolltuch
- Schöpfkelle
- Spachtel oder Messer

Vorgehensweise

Schritt 1. Legen Sie die Form in eine flache Schale, wie etwa den Deckel eines Standard-Entdecklungsgeschirres oder ein Kuchenblech. Diese Schale füllen Sie etwas über die Höhe der Bodenfliese mit Wasser, das die austretenden Flüssigwachsmengen aufnehmen kann, ohne zu verkleben.

Damit sie sich nicht verziehen und gleichmäßiger trocknen, stellt man die Formteile für zwei Tage senkrecht auf.

Die fertige Form, aufgeklappt in einer flachen Wanne zur Aufnahme des Wassers.

Die geschlossene Form nach dem Eingießen des Flüssigwachses. Der Überschuss quillt vorn heraus.

Schritt 2. Vor dem Gießen jeder Mittelwand besprühen Sie beide Prägeflächen mit einem Zerstäuber, der lauwarmes Wasser, vermischt mit einigen Tropfen Geschirrspülmittel als Lösemittel enthält. Besonders praktisch ist ein Handzerstäuber, in dem mittels Pumpe ein Innendruck erzeugt werden kann, wie beispielsweise eine kleine Pflanzenschutz-Druckspritze.
Schritt 3. Im weiteren Verlauf wird genauso verfahren, wie mit den anderen Mittelwandpressen: Zügiges Befüllen und Verteilen des Flüssigwachses in der Form, ebenso zügiges Schließen der Deckelplatte und Andrücken für 15 Sekunden.
Schritt 4. Entfernen des ausgetretenen und erstarrten Wachses an der Vorderseite mit einem Spachtel oder Messer.
Schritt 5. Vorsichtiges Öffnen der Form, indem Sie mit einer Hand auf die überstehende Bodenfliese drücken.
Schritt 6. Und am Schluss das Abziehen der fertigen Mittelwand.

Mittelwände walzen

Mittelwandwalzwerke gibt es mit manuellem Antrieb und Motorantrieb. Wirklich rationell sind hierbei jedoch nur die motorbetriebenen. Da Sie hierbei mit den Händen in der Nähe rotierender Walzen arbeiten müssen, sind entsprechende Sicherheitseinrichtungen wie Fingerschutz und Schnellabschalter vorgeschrieben.

Wichtig

Ältere Mittelwandwalzgeräte auf dem Gebrauchtmarkt sind meist nicht entsprechend ausgestattet und auch neue Walzen entsprechen oft nicht den sicherheitstechnischen Ansprüchen.

Mittelwände zu walzen ist leichter zu erlernen als das Gießen mit der Maschine. Dafür geht es aber auch nicht ganz so schnell. Zunächst stellen Sie aus dem Blockwachs einen plattenförmigen Wachskuchen her. Die Größe richtet sich nach der Breite der Walze, die Dicke, etwa 1 cm, nach den vorhandenen Vorwalzstufen. Zum Gießen der Platten bauen Sie flache Holzformen, die Sie mit Silikon-Dichtungsmasse ausstreichen. Dadurch klebt das Wachs nicht an und es kann leicht ausgeformt werden. Diese Formen sollten Sie mit der Wasserwaage genau waagerecht ausrichten. Schräglage ergibt schiefe Platten und somit krumme Wachsbahnen, aus denen sich nur schwerlich schön rechtwinklige und plane Mittelwände schneiden lassen.

Gießen Sie nun eine definierte Flüssigwachsmenge in die Form, die dann eine Wachsplatte exakt in der benötigten Dicke ergibt. Sieben Sie das Wachs noch einmal, um zu verhindern, dass sich Fremdkörper einschleichen, die die Walzen beschädigen könnten.

Mittelwandwalzwerk in Aktion.

Sie können auch Formen bauen, die das Wachs von allen Seiten umschließen. Diese werden dann senkrecht stehend gefüllt und sind daher platzsparend. Eine Ausrichtung ist nicht erforderlich.

Eine dritte Methode arbeitet mit Metallplatten, die in einen entsprechend großen und tiefen Wachsbehälter solange getaucht werden müssen, bis eine entsprechend dicke Wachsplatte entstanden ist, die dann vom Trägermaterial abgeschält wird. Welche der drei Methoden Sie bevorzugen, hängt vom persönlichen Geschmack und den technischen Gegebenheiten ab. Gießen Sie alles zu verarbeitende Wachs zu Platten, bevor der eigentliche Mittelwandherstellungsprozess beginnt.

Beim Anfahren der einzelnen Walzvorgänge müssen Sie die Maschine kurz anhalten, da der Anfang der Wachsbahn gerne an der Walze hängen bleibt, ganz besonders an der Prägewalze. Ist die Mittelwand von der Walze gelöst, fahren Sie fort. Wollen Sie der Mittelwandbahn etwas Zug verleihen, sollten Sie darauf achten, dass Sie die Prägung nicht zu sehr drücken. An den von Daumen und Zeigefinger versehrten Prägestellen bauen die Bienen später unschönen Drohnenbau.

Die nach dem Schneiden der Mittelwände entstehenden Wachsabfälle werden wieder eingeschmolzen und daraus erneut Platten gegossen. Da die Reste des Lösemittels die Wachsqualität ungünstig beeinflussen würden, sollten Sie die Wachsabfälle vorher gut mit klarem Wasser spülen.

Tipp
Ausgesprochen vorteilhaft sind die gewalzten Mittelwände zum Wickeln von Mittelwandkerzen. Das gewalzte Wachs ist geschmeidiger und dadurch besser zu verarbeiten. Diese Kerzenmittelwände können auch so dünn wie möglich ausgewalzt sein.

Vorgehensweise

Schritt 1. Wärmen Sie in einem entsprechend großen Wasserbad mit einer Temperatur von 40–45 °C, eine gewisse Anzahl der Platten auf, damit das Wachs geschmeidig wird. Jetzt beginnt das Dünnwalzen

Tipp

Schmale Prägewalzen für nur eine Mittelwandbreite können Sie auch direkt mit den Wachsplatten beschicken, wenn Sie diese vorher nicht zu dick gießen und vor dem Prägen besonders gut aufwärmen. Dabei entstehen allerdings keine besonders langen Bahnen, dafür können Sie sich aber das Vorwalzen sparen. Achten Sie auf die Ausrichtung der Zellprägung.

auf zunächst prägungsfreien Vorwalzen, das je nach Maschinenausstattung und Plattendicke in ein bis drei Stufen erfolgen kann. Damit das Wachs nicht an den Walzen anklebt, müssen Sie sie ständig mit Lösemittel benetzen. Das geschieht mit einer Bürste oder einem Sprüher. Ausgereiftere Walzen besitzen dazu eigens eine Sprühanlage, ähnlich wie bei einer Gießwalze. Einfach geht es auch mit Schaumgummirollen, die an beiden Walzen mitrollen und ständig, automatisch oder manuell kontinuierlich benetzt werden müssen und so das Lösemittel dünn auf die Walze übertragen.
Schritt 2. Rollen Sie die Platten zu langen „Nudeln" auf, die so auf den nächsten Verarbeitungsschritt warten und die Sie dazu wieder auf 40–45 °C aufwärmen müssen. Wie bei einer Nudelmaschine wird die Walzdicke Schritt für Schritt dünner gestellt. Erst beim letzten Durchgang passiert das auf einen Millimeter Dicke vorgewalzte Material die Prägewalze.
Schritt 3. Rollen Sie die Mittelwandbahn wiederum auf und halten Sie sie zum Schneiden bereit. Oder Sie legen die geprägten Bahnen aus und schneiden sie sofort.

Wabenmaße

Die Maße der Mittelwände sind etwas kleiner als das lichte Rähmchenmaß. Damit werden Quetschungen der Mittelwand vermieden, die auch dann noch Platz hat, wenn die Rähmchenhölzer aufgrund der Drahtspannung etwas durchgebogen sind. Die Anzahl der Mittelwände je Kilogramm richtet sich nach ihrer Dicke. Im Walzverfahren lassen sich sehr dünne Mittelwände herstellen, die sich aber gerne verziehen. Für ein gutes Ergebnis sollten die technischen Möglichkeiten also nicht voll ausgereizt werden. Dennoch machen viele Mittelwandhersteller mit der Anzahl Mittelwände je Kilogramm Werbung. Damit das Kilo-Paket nicht mit Reststreifen aufgefüllt werden muss, passen manche Produzenten die Dicke so an, dass es genau aufgeht.

Wer das Wabenmaß seiner Völker umstellen will, beispielsweise von Deutsch Normalmaß auf Zander, heftet die Brutwaben mit ansitzenden Bienen mit einfachen Drahtklammern an Oberträger im Zan-

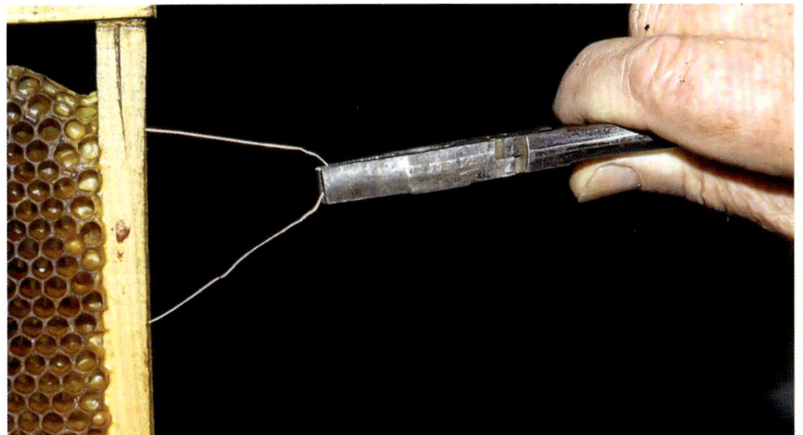

Um eine Wabe sauber aus dem Rähmchen schneiden zu können, trennt man Drahtenden und -mitte auf der einen Seite und schließt nacheinander die beide Stromkreisläufe mit dem Einlöttrafo kurz. Der heiße Draht lässt sich dann auf der anderen Seite leicht herausziehen.

Die ausgeschnittenen Waben des alten Wabenmaßes setzt man in die neuen Rähmchen, schneidet den fehlenden Streifen dazu und fixiert das Ganze mit Bürogummiringen.

dermaß. Die unten etwas aus dem Magazin überstehende Wabe ragt in den Unterboden.

Diese Prozedur müssen Sie also durchführen, solange die Brutwaben noch in einem einzigen Magazin Platz haben. Alle bienenfreien Restwaben schneiden Sie in das neue Maß um. Dazu ziehen Sie zunächst die Drähte, indem Sie sie auf einer Seite auseinander trennen, mit einem Einlöttrafo beide Enden kurzschließen, erhitzen und auf der anderen Seite des Rähmchens mit einer Zange rasch herausziehen. Die Waben werden nun ausgeschnitten und in die neuen Rähmchen eingepasst. Das fehlende Stück füllen Sie mit einem entsprechenden Wabenstreifen und fixieren alles mit Bürogummiringen. Die Bienen bauen die Waben beim ersten Gebrauch an den Rähmchen fest, wodurch sie nahezu voll einsatzfähig werden, auch wenn sie keine Drahtung mehr besitzen.

Gebräuchliche Mittelwandmaße

Bezeichnung	Mittelwandgröße in cm (breit x hoch)	Ungefähre Anzahl Mittelwände pro Kilo Wachs (mittlere Prägung)
Zander / Lüftenegger (Österr.)	39 x 19	14 bis 15
Deutsches (Österr.) Normalmaß	35 x 19	16 bis 17
Langstroth*	42,5 x 20,8	10
Dadant (modifiziert) Brutraumwabe*	42,5 x 26,1	8
Dadant (modifiziert) und Langstroth Honigraumwabe*	42,5 x 11,3	14 bis 15
Österreichische Breitwabe	39,5 x 22,5	12
Schweizermaß Brutraumwabe	26 x 33,3	10
Schweizermaß Honigraumwabe	26 x 15	22

* Mittelwand zum Einklemmen in Oberträgerfalz und Schlitz im Unterträger.

Mittelwände einlöten

In kleinen Rähmchen oder an Trägerhölzern, wie sie in Begattungskästchen Verwendung finden, genügt es, Mittelwandstreifen anzulöten. Am elegantesten geht das, wenn Sie dem Rähmchenoberträger auf der Unterseite einen Sägeschnitt verpassen. Die Mittelwand wird hineingesteckt und mit Flüssigwachs festgegossen. Dazu eignet sich ein Teelöffel oder ein Wachslötrohr. Dabei handelt es sich um ein Metallröhrchen, das unten spitz zuläuft und oben eine kleine Öffnung besitzt. Das Lötrohr stellen Sie ins flüssige Wachs. Zur Entnahme drücken Sie das obere Loch mit dem Zeigefinger zu. Wie bei einem Weinheber bleibt der Inhalt so lange im Rohr, wie die Luftzufuhr geschlossen ist. So kann das Wachs sehr fein dosiert und der Mittelwandstreifen sauber angelötet werden.

Rähmchen drahten

Größere Wabenmaße, wie sie bei Wirtschaftsvölkern Verwendung finden, benötigen ein Drahtgerüst, das der Wabe, besonders im Anfangsstadium die nötige Stabilität verleiht. In Amerika finden häufig Mittelwände Verwendung, in die bereits Drähte eingegossen sind, die oben jeweils in einer Öse enden. Diese werden einfach am entsprechend

Qualitätskontrolle

Die Drahtungsqualität können Sie überprüfen, indem Sie die jeweils gleiche Länge verschiedener Drahtproben mit einem Ende in einen Schraubstock spannen. Das andere Ende fassen Sie mit einer Gripzange und versuchen nun, den Draht zu strecken. Je eher dies gelingt, umso schlechter die Drahtqualität.

vorbereiteten Oberträger des Rähmchens eingehängt, mit einer Deckleiste vernagelt und im Unterträger zwischen einem Sägeschnitt mit zwei Schrauben oder Nägeln verklemmt. Leider hat sich diese Technik in Europa bisher nicht durchgesetzt und die Draht- und Einlötarbeit bleibt am Imker hängen. Versuche, das Drahtgerüst durch ein Kunststoffgitter oder Vlies zu ersetzen, sind bisher alle gescheitert.

Fertig gekauft

Immerhin bekommt der Imker seit einigen Jahren kostengünstig fertig gedrahtete Rähmchen zu kaufen. Er muss sie dann allerdings so nehmen wie sie sind und hat wenig Einfluss auf Drahtverlauf und -qualität.

Der Edelstahldraht mit 0,4 mm Durchmesser ist heute allgemeiner Standard. Zum einen wegen der Wiederverwendbarkeit, wenn die Altwaben aus dem ganzen Rähmchen geschmolzen werden. Zum anderen wegen der organischen Säuren, die bei der *Varroa*-Bekämpfung zum Einsatz kommen. Der in früheren Jahren verwendete und noch heute im Fachhandel erhältliche verzinnte Draht hatte eine Stärke von nur 0,28 mm. Selbst wenn er dicker wäre, würde er sich nicht für eine zweite Verwendung eignen. Die sich beim Gebrauch entwickelnde Oxidationsschicht dieses Drahtes leitet elektrischen Strom sehr schlecht und erschwert somit das Einlöten einer zweiten Mittelwand.

Letztendlich richtet sich der Drahtverlauf nach den Vorlieben des Imkers, der bei allen Varianten, die Vorteile mit den Nachteilen abwägen muss. Die Drähte legen Sie am besten so an, dass sie an den Schmalseiten des Rähmchens gespannt werden können. Weil der Draht gerne ins Holz einschneidet und damit seine Spannung sehr schnell nachlassen kann, sind die Seitenteile, in die die Drahtlöcher eingebohrt werden, aus Hartholz. Alternativ oder zusätzlich können die Bohrlöcher noch mit Metallhülsen (Ösen) versehen werden. Hier kann die Drahtspannung nicht mehr nachlassen.

Ein Vorteil der Querdrahtung ist, dass auf dem Oberträger keine offenen Drähte verlaufen, die beim Bearbeiten der Völker mit dem Stockmeißel häufig zerstört werden. Dies können Sie allerdings vermeiden, indem Sie den Oberträger mit einem kleinen, mittigen Längs-Sägeschnitt versehen, in dem der Draht versenkt werden kann. Bei horizontaler Drahtspannung ist es wichtig, dass das obere Bohrloch möglichst nahe am Oberträger zu liegen kommt. Ist der obere Draht zu weit unten, kann der relativ breite Mittelwandteil darüber in der Wärme des Bienenstockes umklappen.

Hätten Sie's gewusst?
Zu dicker Draht stört offenbar die Königin bei der Eiablage und hinterlässt reihenweise Fehlzellen im sonst geschlossenen Brutnest.

Selber drahten

Zum Drahten und Spannen der Rähmchen gibt es eine Vielzahl von Hilfsmitteln, die Sie kaufen oder selbst bauen können. Das Prinzip ist

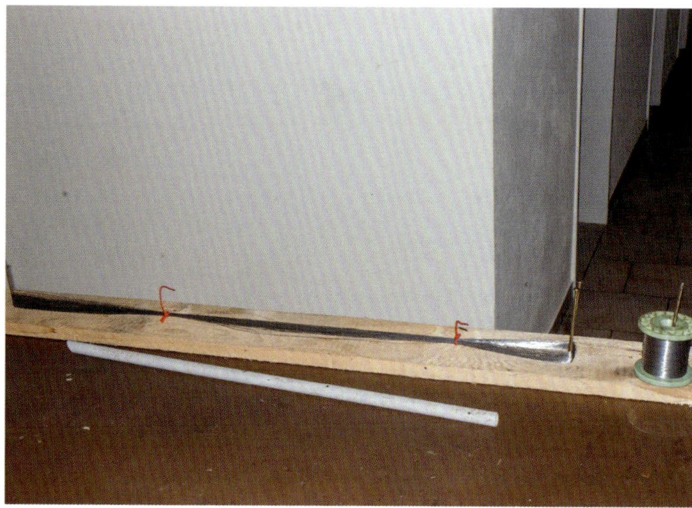

Eine Handbohrmaschine wird zur Rähmchenbohrmaschine. Mit dem Anschlag links und den drei Anschlägen rechts sind die vier Löcher einer Rähmchenseite rasch gebohrt.

Bei dieser Drahtvariante wird zunächst der gesamte Draht abgewickelt. Die Distanz beträgt gut die Hälfte der später benötigten Drahtlänge je Rähmchen.

einfach: Das Rähmchen wird so eingespannt, dass sich seine Leisten durchbiegen. Nach dem Drahten und Ausspannen des Rähmchens überträgt sich der nachlassende Spannungsdruck des Holzes auf das Drahtgitter.

Das Einfädeln und Nachführen des Drahtes wird erleichtert, indem er bei jedem Richtungswechsel über Führungsrollen geleitet wird. Sein Ende wird an einem kleinen Nagel befestigt. Vor dem Spannen schieben Sie nun den Draht in umgekehrter Reihenfolge von den Führungsrollen und ziehen mit der 1-kg-Drahtrolle an. Kleinere Drahtrollen versehen Sie hierfür besser mit einer Kurbel). Das zweite Ende wird ebenfalls an einem Nagel befestigt. Das Rähmchen ist nun fertig gedrahtet.

Variante

Eine etwas ungewöhnliche, aber sehr effektive Drahtungsmethode benötigt ein wenig Vorbereitung, geht dann aber umso schneller.
Schritt 1. Zunächst wird der gesamte Draht einer Rolle abgerollt. Dazu müssen Sie die benötigte Drahtlänge für ein Rähmchen abmes-

Wichtig

Die langen Leisten (bei einer Breitwabe die Ober- und Unterträger) biegen sich bei guter Spannung mitunter so stark durch, dass die Original-Mittelwand keinen Platz mehr hat. Andererseits können sich bei Querdrahtung die frisch gebauten und zu rasch mit Honig gefüllten Waben absenken und im unteren Drittel einen unschönen Querknick bilden.

Der Drahtstrang wird an mehreren Stellen mit Kabelbindern fixiert, die nach und nach durch das Rohr ersetzt werden, das über den Drahtstrang geschoben wird.

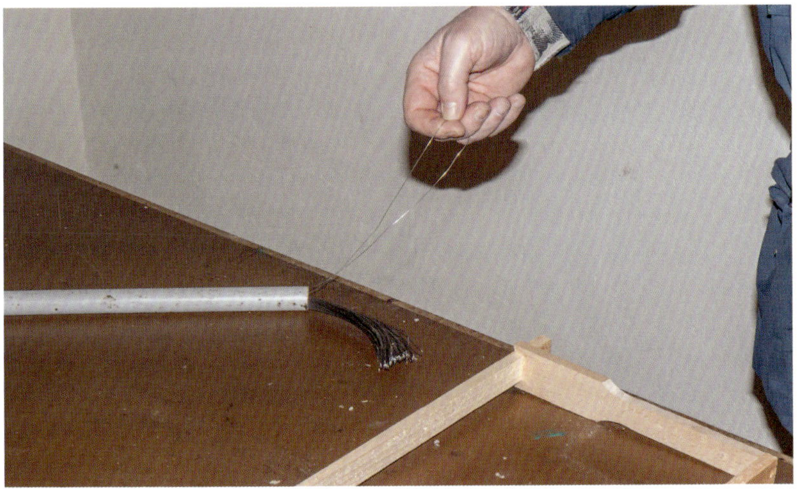

Nachdem der Drahtstrang auf einer Seite komplett durchschnitten wurde, kann man auf der anderen Seite die Drähte einzeln an der Schlaufe aus dem Rohr herausziehen ohne dass sich der Strang verheddert.

sen. Danach schlagen Sie einen großen Nagel in ein dickes Brett oder in die Werkbank. Im halben Abstand der benötigten Länge zwei weitere Nägel. An einem der Doppelnägel befestigen Sie nun den Drahtanfang und wickeln die gesamte Rolle über die drei Nägel ab. Danach binden Sie den Strang an mehreren Stellen zusammen, damit sich die Drahtschlingen nicht verwirren.

Schritt 2. Jetzt nehmen Sie das Bündel vom Einzelnagel und schieben es in ein Rohr, bis es auf der anderen Seite herauskommt. Dabei können Sie die Bindungen nach und nach wieder entfernen. Das Ende zwischen den beiden Nägeln wird nun komplett durchtrennt. Dadurch entstehen Einzeldrähte, unverwirrbar in einem Rohr zusammen gehalten.

Handelsübliche Rähmchen-Drahthilfe.

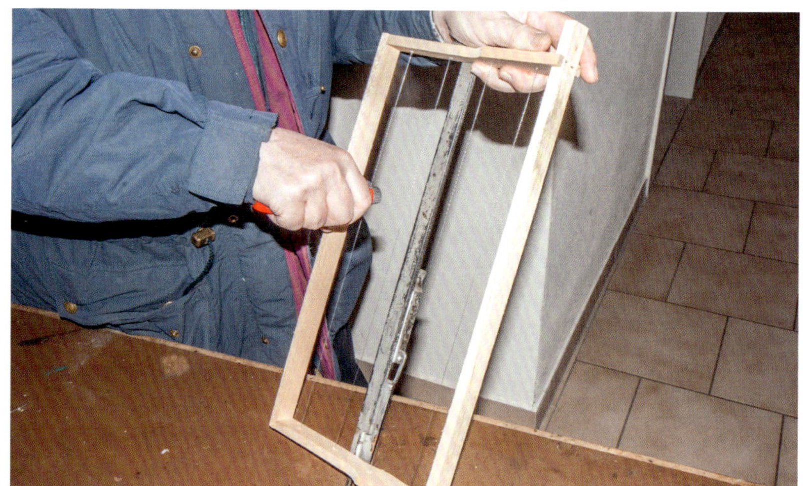

Das vorgedrahtete und -gespannte Rähmchen wird mit einem Rähmchenspanner zusammengedrückt und der Draht mit einem Zahnradspanner gestrafft. Nach Entfernen des Rähmchenspanners kehrt das Holz in die alte Lage zurück und spannt den Draht zusätzliche.

Wichtig

Vor dem Ausspannen können Sie den Draht auch noch mit einem Zahnradspanner wellen. Das verleiht ihm noch zusätzliche Stabilität. Mit diesem Kniff werden auch alte, ausgeschmolzene Rähmchen wieder flott gemacht.

Schritt 3. Zum Drahten ziehen Sie nun eine Schlaufe aus dem Rohr, fassen die beiden Enden und schieben sie auf der Nagelseite des Rähmchens durch die beiden mittleren Löcher. Dann fädeln Sie sie gleich durch die gegenüberliegenden Löcher des anderen Seitenteiles und ziehen die gleichlangen Enden bis zum Anschlag durch. Diese Enden führen Sie in die oberen und unteren Löcher zurück und das Rähmchen ist gedrahtet.

Schritt 4. Das Spannen ist ein separater Vorgang. Mit einer Schraubzwinge, an den Bankeisen einer Hobelbank oder mit einem speziellen Rähmchenspanner drücken Sie das Rähmchen etwas zusammen, befestigen und straffen den Draht. Dann entfernen Sie den Spanner wieder. Das Rähmchen geht in seine alte Lage zurück und spannt den Draht optimal.

Hinweis
Kalt eingelötete Mittelwände verziehen sich in der Stockwärme, da sich Holz, Draht und Wachs unterschiedlich ausdehnen.

Elektrisches Einlöten

Zum Einlöten müssen Sie auf jeden Fall einen speziell dafür ausgelegten Trafo verwenden. Von irgendwelchen lebensgefährlichen Konstruktionen, auf die wegen des Risikos der Nachahmung hier erst gar

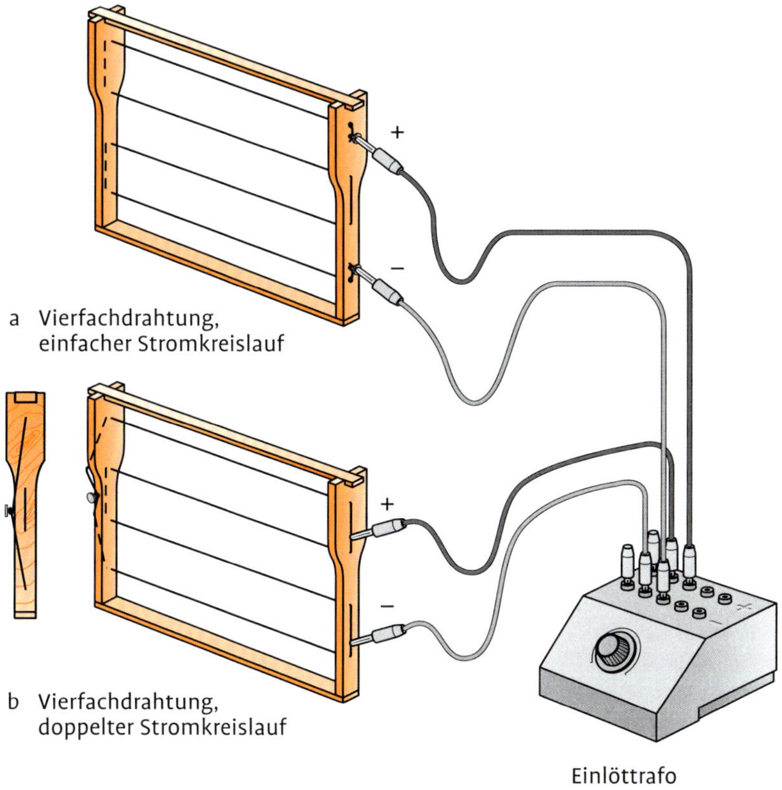

+
–
a Vierfachdrahtung, einfacher Stromkreislauf

+
–
b Vierfachdrahtung, doppelter Stromkreislauf

Einlöttrafo

Die meisten Imker befestigen den Rähmchendraht an zwei kleinen Nägeln, die auch als Stromkontakt für den Einlöttrafo dienen (a). Es geht aber auch mit einem Befestigungsnagel, wenn man die gegenüberliegenden Drahtschlaufen als Kontaktstellen nutzt (b).

Am oberen Ende des Einlötbrettchens befinden sich zwei bewegliche Kontakte, die beim Anschieben des Rähmchens auf die Kontaktnägel treffen. Dabei bleibt eine Hand frei, um die Mittelwand korrigieren zu können.

nicht weiter eingegangen wird, muss eindringlich gewarnt werden. Ebenso vor überalterten Geräten, die keine ausreichende Sicherheit bieten und meist für Edelstahldraht zu schwach ausgelegt sind.

Der eigentliche Einlötprozess geht dann vergleichsweise rasch. Wichtig ist, die Mittelwände gut vorzuwärmen. Zumindest Zimmertemperatur, besser etwas höher. Ideal wären +30 °C, was ziemlich nahe an die spätere Stocktemperatur heranreicht.

Vorgehensweise

Schritt 1. Die Mittelwand legen Sie so ein, dass der seitliche Freiraum links und rechts gleichmäßig verteilt ist und zum Unterträger ein Spalt von etwa einem Millimeter bleibt. Der obere Spalt, egal wie breit, wird von den Bienen immer anstandslos am Rähmchen angebaut, im Gegensatz zum unteren. Dennoch sollten Sie den genannten Abstand als Dehnungsfuge belassen, dadurch werden auch quergeknickte Waben gemindert. Bei modifizierten Rähmchen wird die Mittelwand vor dem Einlöten einfach in den Falz des Oberträgers geschoben.

Schritt 2. Jetzt müssen Sie nur noch Strom vom Trafolöter auf die Kontakte geben. Normalerweise halten Sie dabei die Elektrokontakte des Trafos einfach an die Drahtkontakte des Rähmchens.

Schritt 3. Der Draht wird heiß und die Mittelwand sinkt in den Draht ein. Mit ein wenig Übung und Geschicklichkeit haben Sie schnell den Punkt heraus, bei dem der Draht gut in die Mittelwand ein-, aber nicht durchgeschmolzen ist.

Für größere Rähmchenmengen lohnt sich der Bau eines Einlötbrettes. Darauf positionieren Sie zwei Kontakte (zum Beispiel Kupferbleche) möglichst etwas gefedert, damit sie sich immer an die Kontaktstellen des Rähmchens (zum Beispiel Befestigungsnägel des Drahtes) anpassen. Das Rähmchen mit eingelegter Mittelwand brauchen Sie nun nur noch an die Kontakte zu schieben und haben dabei immer noch eine Hand frei, um die Mittelwand etwas zu korrigieren oder dort anzudrücken, wo sie langsamer einschmilzt. Bei Verwendung eines Einlötbrettes kann ausnahmsweise auch der Anschluss eines Elektro-Schweißtrafos empfohlen werden, der auf kleinste Stufe eingestellt wird. Sie können durchaus auch beide Enden des Drahtes an einem einzigen Nagel befestigen. Nutzen Sie nun die beiden gegenüberliegenden Drahtschlaufen als Kontakt, wird der Stromkreis geschlossen und der Draht heiß.

Rillenrädchen

Es geht aber auch ohne Strom, wenn Sie das altehrwürdige Rillenrädchen benutzt, das immer noch im Verkaufsprogramm der Fachhändler zu finden ist. Das in einer Art Lötkolben montierte Zahnrädchen besitzt eine rundum laufende Rille, das ihm den Namen gab. Außerdem brauchen Sie ein Brett in der Größe der Mittelwand und von mindestens 20 mm Dicke. Darauf legen Sie die Mittelwand und darüber das gedrahtete Rähmchen. Das Rillenrädchen wärmen Sie nun an einem Bunsenbrenner oder Alkoholflämmchen etwas an. Das Wachs darf aber keinesfalls schmelzen. Wichtig ist auch die Raum- und Wachstemperatur. Nun radeln Sie mit leichtem Druck mit der Rille über die Drähte und drücken sie dabei nach und nach in das Wachs. Das geht schneller, wie es beschrieben werden kann und nach ein wenig Übung haben Sie den Dreh heraus. Diese Methode eignet sich nicht nur im stromlosen Bienenhaus. Es ermöglicht auch, die Rähmchen kreuz und quer zu drahten, wenn besondere Wabenstabilität gefordert ist. Mit Strom würden Sie hier zwangsläufig einen Kurzschluss verursachen.

Das Rillenrädchen besitzt eine umlaufende Nut als Drahtführung. Die Mittelwand wird auf ein gleichgroßes Brett gelegt, darüber das gedrahtete Rähmchen. Mit dem nicht zu warmen Rädchen wird nun der Draht ins Wachs gedrückt.

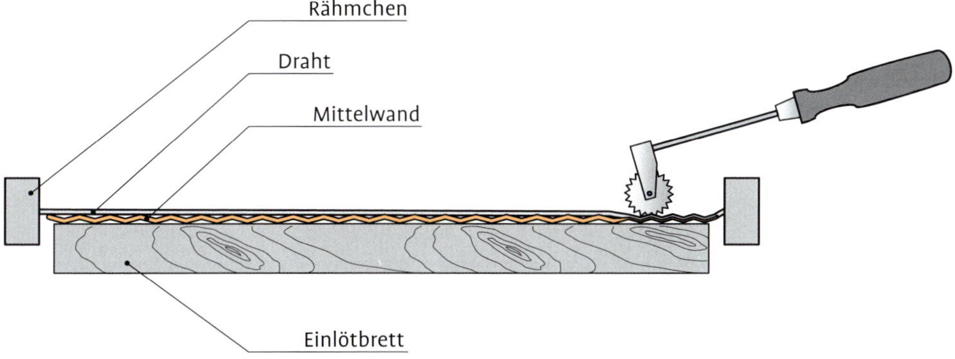

Halbe und gelochte Mittelwände

Gelegentlich wird empfohlen, nur halbe, diagonal geteilte Mittelwände zu verwenden. Auch der Hinweis, Mittelwände zu lochen taucht immer wieder auf. Das hilft zwar Wachs zu sparen, fördert aber unweigerlich den Drohnenbau. Als es in Europa noch keine *Varroa*-Milben gab, konnte das noch einigermaßen hingenommen werden. Heute vermehrt sich diese Milbe aber vor allem in der Drohnenbrut, die eine echte Gefahr darstellt, wenn Sie sie übermäßig unkontrolliert schlüpfen lassen. Es gibt nur zwei Einsatzgebiete, in denen Sie eine Teilausstattung der Rähmchen mit Mittelwänden dulden können. Einmal bei Jungvölkern und Schwärmen, die keine oder nur ausnahmsweise Drohnenzellen bauen. Zum anderen können Sie die Honigräume damit ausstatten, wenn Sie konsequent mit dem Absperrgitter arbeiten und die Honigraumwaben nie in den Brutraum bringen, wie bei der Dadant-Betriebsweise. Im Anschluss an das darunter liegende Brutnest halten die Bienen bei ungenügender Tracht die Drohnenzellen für die Königin frei, die jedoch abgesperrt ist. Erst bei guter Tracht werden sie vollgetragen, sind dann aber besonders geräumig. In Halbrahmen funktioniert es mit halben Mittelwänden auch besser als in Ganzwaben, zumal bei einem großen Wabenmaß. Je größer das Rähmchen, das Sie mit halben Mittelwänden ausstatten umso größer die Gefahr unsauberen Ausbauens.

Rähmchen bauen

Das wichtigste Gebrauchsgut und Werkzeug in der Imkerei ist das Rähmchen. Jedes Volk benötigt 24–40 davon und die meisten müssen mehrmals jährlich für alle möglichen Eingriffe in die Hand genommen werden. Darüber hinaus macht die Qualität des Rähmchens letztlich die Stabilität der Wabe aus. Gründe genug, sich mit dem Bau der Rähmchen einige Mühe zu geben. Da sie aus mindestens vier Leisten bestehen, bedeutet das viel Säge- und Handarbeit. Deshalb werden heute viele Rähmchen in Billiglohnländern hergestellt und mitunter in recht ordentlicher Qualität preisgünstig, auch gedrahtet, angeboten. Eigenbau lohnt sich nur noch, wenn Sie die notwendigen Maschinen ohnehin schon dastehen haben und in den Wintermonaten über ausreichend ungenutzte Zeit verfügen.

Wichtig

Beim Fräsen und Sägen kleiner Teile ist auf besondere Arbeitssicherheit zu achten. Wo ein automatischer Vorschub fehlt oder nicht mehr funktioniert, sind entsprechende Werkstückhalterungen und Schiebestöcke zu verwenden.

Vorgehensweise
Der Rähmchenbau soll hier exemplarisch an einem Original-Zanderrähmchen mit Horizontaldrahtung beschrieben werden. Während Ober- und Unterträger aus Weichholz sein können, wie Tanne, Fichte oder Weymouthskiefer. Wenn es sich um Abschnitte aus der Beutenherstellung handelt, werden die Seitenteile aus Hartholz gefertigt. Alternativ können sie ebenfalls aus Weichholz sein. Die Bohrlöcher für den Draht müssen dann aber mit Metallhülsen (Ösen) versehen werden, damit er nicht zu sehr ins Holz einschneidet und an Spannung verliert.

Während das Zusägen der Leisten auf 10 x 22 mm keine weitere Mühe bereitet, ist die Herstellung der Hoffmanns-Seitenteile etwas aufwendiger.

Schritt 1. Zunächst hobeln Sie die Hartholzbretter von Esche oder Erle auf 35 mm Dicke und längen sie auf 2 x 21 cm plus eine Sägeschnittbreite ab.
Schritt 2. Diese Stücke sägen Sie auf die Arbeitsbreite des vorhandenen Fräskopfes zurecht. Nun fräsen Sie von beiden Seiten auf etwa 12 cm Länge jeweils 6,5 mm herunter. Ebenso von der gegenüberliegenden Seite des Werkstückes.
Schritt 3. Jetzt sägen Sie die Teile genau in der Mitte quer durch. An der breiten Oberseite fehlt jetzt nur noch die 22 mm breite und 10 mm tiefe Nute zur Aufnahme des Oberträgers.
Wenn kein passender Hartmetallfräskopf mit Vorschneider vorhanden ist, kann ebenso gut eine Wanknutsäge moderner Bauart – wobei Sie auf die Zulassung achten sollten – verwendet werden. Diese hinterlässt allerdings einen leicht gewölbten Nutboden. Ganz gut geht es auch mit einer Langlochbohrmaschine und einem 22 mm-Fräsbohrer.
Schritt 4. Jetzt sind die Werkstücke soweit vorbereitet, dass die fertigen Teile in 10 mm Stärke herunter geschnitten werden können.

Wenn Ihnen das zu viel Aufwand ist, können die Erlanger Abstandshalter empfohlen werden. Die ringsum aus 22 mm breiten Leisten gebauten Rähmchen werden am besten nach dem Drahten, auf die Ohren gesteckt und an den Seitenteilen mit einem kleinen Nagel festgeheftet.

Würden Sie die Teile frei zusammenbauen, käme ein ziemlich schiefes und krummes Rähmchen heraus. Deshalb benötigen Sie für ein gutes Endprodukt eine Nagellehre. Die Weltimkerei kennt sicher Tausende davon. Zwei einfach zu bauende Nagellehren sollen hier vorgestellt werden.

Nagellehre für einzelne oder mehrere Rähmchen
Die Lehre für einzelne Rähmchen wird auf einem Brett in Rähmchenhöhe montiert, das rechts und links je etwa 30 mm hinausragt. An diese Stellen kommen die seitlichen Formbegrenzer, die genau in

a) Nagellehre für Einzelrähmchen

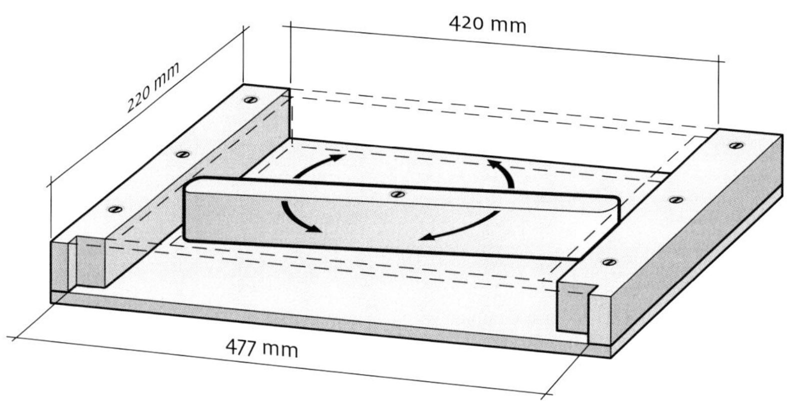

b) Nagellehre für mehrere Rähmchen

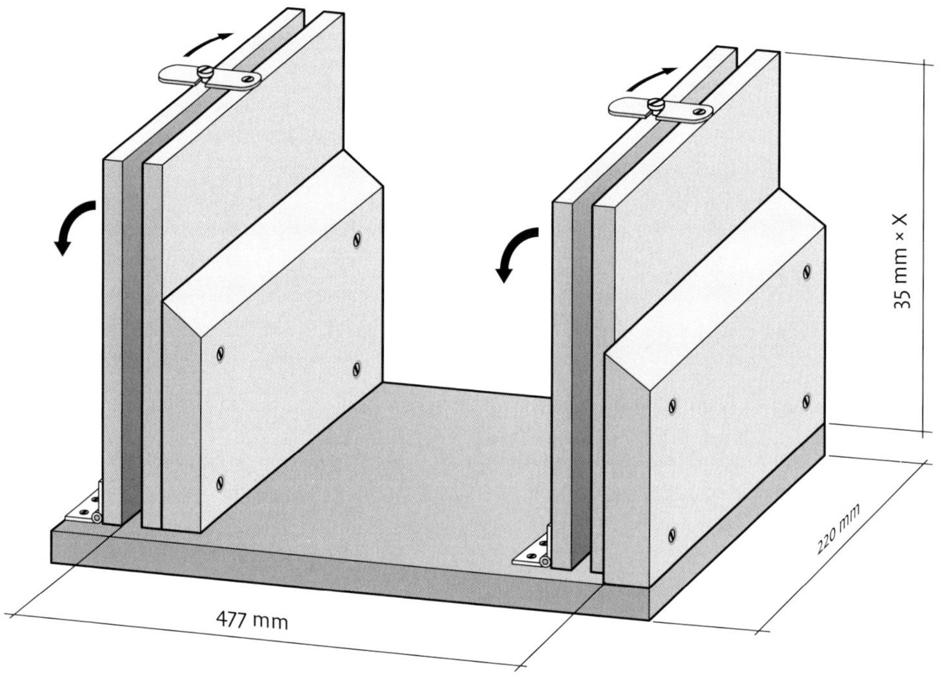

X = gewünschte Stückzahl Rähmchen
(empfohlen 8 = 280 mm)

Rähmchenbreite, bzw. -länge auseinander stehen (für Zander = 420 mm). Oben bekommen sie eine Aussparung für den Oberträger, sodass ein Rähmchenohr von genau 28,5 mm entsteht. In die Mitte des Brettes montieren Sie mit einer Schraube drehbar eine stabile Leiste zum Andrücken der Seitenteile.

Jetzt legen Sie zwei Seitenteile zusammen, geben oben und unten Leim an und setzen sie rechts und links in die Form. Der drehbare Andrücker hält die Seitenteile fest. Nun nageln Sie zunächst den Unterträger fest und danach den Oberträger. Zum Nageln verwenden Sie 30 mm lange und damit das Holz nicht reißt, möglichst dünne Nägel. Nach dem Ausformen richten Sie das Rähmchen notfalls noch etwas aus, indem Sie beim Blick über Ober- und Unterträger beide parallel zur Deckung bringen.

Mit einer Nagellehre, die mehrere Rähmchen gleichzeitig aufnehmen kann, arbeiten Sie noch schneller. Die Seitenteile werden geleimt und in die Lehre eingesetzt, die anschließend geschlossen wird. Danach alle Leisten anbringen und mit Nägeln oder einem Tacker festnageln. Anschließend folgt das Ausformen und Ausrichten der Rähmchen.

Beim Festlegen der Maße sollten Sie auf das vorhandene Beutenmaß achten. Nicht alle Hersteller und Hobbyschreiner halten sich an die Normmaße. Es ist dann ärgerlich, wenn die Rähmchen zu eng im Falz des Magazins sitzen.

Linke Seite: Die Funktion der Nagellehre für Einzelrähmchen (a) ist aus der Zeichnung ersichtlich. Bei der Nagelehre für mehrere Rähmchen (b) werden die geleimten Seitenteile in die aufklappbaren Schlitze gelegt. Nachdem alle Ober- und Unterträger aufgenagelt sind, werden die Klappen zur Seite gelegt, um die fertigen Rähmchen entnehmen zu können.

Wabenabstand und Dickwaben

Die Bienen bauen die Waben in einem Abstand von etwa 35 mm von Wabenmitte zu Wabenmitte. Das gilt zumindest dort, wo sie Brut anlegen. In Bereichen, wo zunächst oder ausschließlich Honig eingelagert wird, wählen die Bienen auch größere Abstände. Die Zellen werden dann tiefer, die Lagerkapazität größer. Dies spart Baumaterial.

Dickwaben erzielen Sie einfach durch einen größeren Wabenabstand. Lassen Sie in der Honigzarge ein bis zwei Waben fehlen und verteilen die restlichen gleichmäßig im Raum. Die Bienen ziehen die Zellen bis auf eine Wabengasse von circa 10–11 mm aus. Die Zellen werden tiefer und die Speicherkapazität der Wabe wesentlich größer.

In die tiefen Zellen kann die Königin keine Eier mehr legen, denn sie gelangt mit ihrem Hinterleib nicht mehr bis an den Zellboden heran. Das Absperrgitter wird scheinbar überflüssig. Bei Bedarf oder Trachtlosigkeit tragen die Bienen die Zellränder einfach auf eine für die Königin passende Tiefe ab. Der größte Einwand besteht aber in dem Verdacht, dass Honig aus Dickwaben häufiger durch hohen Wassergehalt Probleme macht als in normal tiefen Zellen. Sie sollten es also mit dem Auseinanderziehen der Honigraumwaben nicht übertreiben. Spezielle Dickwaben-Rähmchen haben einen Mittelwandabstand von etwa 40 mm.

Rähmchen – Bee Space

Unter dem Bienenabstand (Bee Space) versteht man den mittleren Abstand oberhalb, seitlich und zwischen dem Wabenbau, wenn er sich über mehrere Einheiten erstreckt. Er liegt zwischen 6 und 10 mm, durchschnittlich also etwa bei 8 mm. Zwischen diesen Abständen können sich die Bienen gut bewegen. Freiräume zwischen Rähmchen und Kastenwand, bzw. -deckel und zwischen den übereinander hängenden Rähmchen füllen die Bienen mit Wachs, wenn sie größer, und mit Propolis, wenn sie kleiner sind als der Bee Space. Die Übergänge hierbei sind fließend.

Bei der Konstruktion von Rähmchen und Beuten ist dies zu berücksichtigen. Zwischen den übereinander sitzenden Rähmchen kann das Verbauen allerdings nur dann vollständig vermieden werden, wenn Sie zusätzlich eine Mindestholzstärke von Ober- und Unterträgern benutzen. Es kommt der Bequemlichkeit des Imkers entgegen, dass diese Einheiten nicht verbaut werden. Ob eine solche Holzbarriere noch bienengemäß ist, müssen Sie selbst entscheiden.

Zuchtnäpfchen formen

Zu den imkerlichen Wachsarbeiten gehört auch das Formen oder Gießen von Weiselnäpfchen zur Königinnenzucht. Auch wenn heute mehr und mehr Polystyrol-Näpfchen zum Einsatz kommen, sollten Sie als naturverbundener Imker jederzeit in der Lage sein, auf herkömmliche Mittel zurückzugreifen.

Materialien:

- Formholz 9 mm
- Flüssigwachs, 75 °C
- Rohe Kartoffel
- Kaltes Wasser
- Lötrohr oder Teelöffel
- Trägerplättchen 4 x 25 x 25 mm oder Weiselstopfen

Vorgehensweise

Schritt 1. Ein Formholz besteht aus einem 10 cm langen Hartholzstück, das an beiden Seiten auf 9 mm Stärke gedrechselt und abgerundet ist. Dieses Holz weichen Sie einige Stunden oder über Nacht in kaltem Wasser ein. Dadurch kann es sich beim Formen nicht mit Wachs voll saugen.

Schritt 2. Die Kartoffel halbieren Sie und drücken die beiden Enden des Formholzes kräftig in die Schnittflächen, auf die sich ein dünner Film von Kartoffelstärke legt.

Schritt 3. Nun wird abwechselnd mit beiden Enden ins Wachs eingetaucht. Das erste Mal etwa 15 mm tief, dann immer weniger tief. Dadurch erhalten die Näpfchen einen dünnen Rand, aber einen stabilen

Fuß. Ist das Wachs etwas zu warm, tauchen Sie die halbfertigen Näpfchen am Holz kurz in kaltes Wasser, schleudern die Tropfen gut ab und tauchen weiter ins Wachs ein, bis das Näpfchen fertig ist.
Schritt 4. Jetzt wird das Näpfchen noch einmal im Wasser gut abgekühlt, vorsichtig vom Holz abgezogen und mit einem Lötrohr oder Teelöffel mit Wachs an einem Hartfaserplättchen oder Weiselstopfen angelötet.

Für den größeren Bedarf montieren Sie an einen Tauchträger eine größere Anzahl von Formhölzern oder entsprechende Metalldrehteile. Mit gleichem Arbeitsaufwand wie oben entstehen so mehrere, vielleicht auch einige Dutzend Näpfchen.

Sehr schnell lassen sie sich auch gießen, wenn Sie sich aus einer Anzahl fertiger Näpfchen, auf Hartholzplättchen gelötet, eine Silikon-Kautschuk-Form selbst bauen (siehe ab Seite 128).

Bienenwachs in Handwerk und Kunst

Wachs ist ein Material mit sehr vielen verschiedenen Eigenschaften. Dadurch gibt es neben der imkerlichen Wiederverwendung eine ganze Reihe anderer Gebiete, in denen es genutzt werden kann. Kerzen stehen dabei im Mittelpunkt, ob für den sakralen oder privaten Bereich. Daneben dient Bienenwachs zur Pflege und Imprägnierung von Leder, Holz und Textilien, als Modelliermasse für Figuren, Reliefs und Bilder, als Trennmittel in der Lebensmittelherstellung und als Baumwachs.

Kerzen

Festliche Stimmungen sind auch heute nur mit natürlichem Kerzenlicht zu erzeugen. Dabei haben Bienenwachskerzen den einzigartigen Vorteil, dass sie nicht nur einen feierlichen Lichtschein sondern auch einen sehr angenehmen Duft nach Honig und damit eine besondere Gemütlichkeit verbreiten. Dies allerdings nur, wenn sie fachgerecht hergestellt wurden.

Besonders im Alpenraum wird noch die Tradition der Vereinskerze gepflegt. Sie wird bei Feierlichkeiten, zu Umzügen und zum Kirchgang mitgeführt.

Schlecht gemachte Kerzen rauchen, rußen und stinken. Wer einmal solche Erfahrungen mit Bienenwachskerzen gemacht hat, ist nie wieder als Kunde dafür zurückzugewinnen. Deshalb ist es sehr wichtig, alle möglichen Fehler von vornherein zu vermeiden. In der Regel wird der Imker sein eigenes Wachs verarbeiten und dabei entsprechende Sorgfalt walten lassen. Erst wenn der eigene Wachsvorrat nicht mehr ausreicht um die Nachfrage zu decken, wird es zugekauft. Genauso geht es dem Kerzenmacher, der keine eigenen Bienen hat. Zunächst wird er sich an einen Imker seines Vertrauens wenden. Sonst hilft nur noch der Wachshandel, der Ware aus aller Welt bezieht.

Größere Mengen an Bienenwachs gleichbleibender Qualität werden häufig in Pastillenform geliefert. Damit ist leichter umzugehen als mit Blockware, die vor dem Schmelzen kleinerer Mengen erst zertrümmert werden muss. Außerdem lässt sich bei Pastillen die Qualität besser überprüfen, weil beispielsweise Einschlüsse von Fremdkörpern darin nicht möglich sind. Dennoch sollten Sie auch dieses Wachs vor dem Kauf zuerst prüfen. Manchmal hat es einen muffigen oder verbrannten Geruch, der es für die Kerzenherstellung ungeeignet macht, wenn Sie auf den Zusatz von Duftölen verzichten wollen. Manchmal hält es auch einer kritischen Brennprobe nicht stand und die Kerzen flackern und rußen leicht. Teelichte sind hierbei das Maß aller Brennproben (siehe ab Seite 127).

Der Brennvorgang
Die Kerze besteht aus einem Baumwolldocht, der vom Wachs umgeben ist, das eine niedrige Schmelztemperatur besitzt. Wird der Docht angezündet, verflüssigt sich das Wachs in der Nähe des Dochtes und steigt, gefördert durch die Kapillarwirkung in die Flamme auf. Dort gehen die Bestandteile des Wachses in die Gasphase über und verbrennen unter Sauerstoffeinwirkung. Die aufsteigenden Gase sind verantwortlich für die charakteristisch lang gezogene Flammenform der Kerze und versorgen sie weiterhin mit neuer Luft.

Die Temperaturen in einer Kerzenflamme sind enorm und reichen von 600 °C in Dochtnähe, wo es noch am nötigen Sauerstoff fehlt, bis an den farblosen Flammenrand mit bis zu 1400 °C. Im hell leuchtenden Teil der Flamme verglühen Rußteilchen bei 1200 °C, einer Temperatur, die durch die vollständige Verbrennung von Kohlenstoff entsteht.

Gerade Dochte ragen mitten in die Flamme hinein, wo der Wachsdampf aufgrund des Sauerstoffmangels und niedriger Temperatur nur unvollständig verbrennt. Es bilden sich Rußpartikel, die sich an der Dochtspitze als Rußfahne sammeln und an die Umgebung abgegeben werden. Die Kerze stinkt. Moderne Kerzendochte sind deshalb asym-

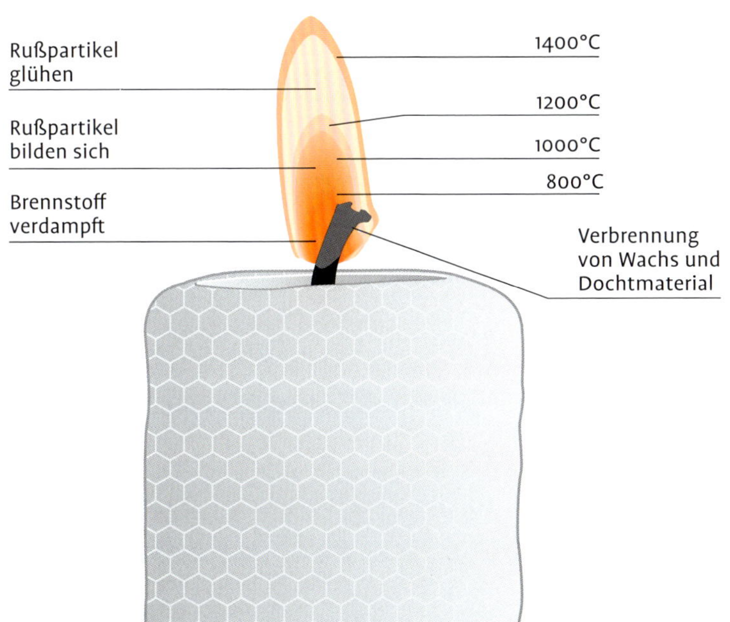

Eine Kerzenflamme hat unterschiedliche Temperaturzonen. Der geneigte Docht muss in den heißeren Flammenrand ragen, um restlos zu verbrennen. Bei einer gut abgestimmten Kerze (Wachsqualität, Kerzen-/Dochtdicke) muss er nicht mehr geschnäuzt werden.

Hinweis

Damit der Verbrennungsvorgang bei der Kerze möglichst reibungslos vonstatten geht, sollte das Wachs nicht nur absolut sauber, sondern auch gut abgelagert sein. Die Molekularstruktur des Wachses wird mit der Zeit fester und die Kerzen brennen besser und länger. Deshalb sollten die Kerzen für den Weihnachtsverkauf eigentlich schon Anfang des Jahres und nicht erst in der Adventszeit gefertigt werden.

metrisch geflochten. Dadurch neigt sich die Dochtspitze zur Seite in eine heißere Zone der Flamme, wo sie samt der Rußpartikel verglüht. Das früher übliche „Schneuzen" des Dochtes entfällt. Nur Kerzen aus unreinem Wachs, mit falschem oder verkehrt herum eingezogenem Docht oder wenn sie in Zugluft abkühlen und einseitig abbrennen, können rußen und die Korrektur mit einer Dochtschere erfordern. Ein zu lang gewordener Docht wird eingekürzt, damit die Wachszufuhr gedrosselt und dadurch wieder eine vollständige, rußfreie Verbrennung möglich wird.

Kerzen lagern

Lichtgeschützte, luftdichte und kühle Lagerung der Kerzen ist wichtig, damit Farbe und Duft des Wachses nicht leiden. Um Stoßspuren zu vermeiden, sollten größere Kerzen einzeln in Seidenpapier eingewickelt, kleinere in Kartons zwischen Seidenpapierlagen geschichtet werden. Für am Licht stehende Kerzen, wie in einer Verkaufsvitrine, verwenden Sie besser Lichtschutzpapier, damit das Wachs nicht verblasst. Nach langer oder zu kalter Lagerung grau gewordene Kerzen lassen sich an der Wärme wieder schön aufhellen. Am schnellsten geht dies mit einem Föhn oder einer Heißluftpistole, mit der Sie sich dem Wachs – aber nur mit geminderter Temperatur und in gebührendem Abstand – nähern dürfen. Der Nachteil: Aufgewirbelte Staubteilchen können die Wachsoberfläche verunzieren.

Unbedenklichkeit und Sicherheit

In einem Versuch der Landesanstalt für Bienenkunde der Universität Stuttgart-Hohenheim mit einer Reihe fettlöslicher Rückstände im Wachs konnte nachgewiesen werden, dass diese die hohen Temperaturen der Kerzenflamme nicht überstehen (Wallner, 1998). Obwohl das Versuchswachs mit sehr hohen Dosen der untersuchten Stoffe versehen wurde, die jene der üblichen Rückstandsmessungen in Wachs weit überstiegen, war in der Abluft keine der Substanzen mehr nachweisbar. Vieles spricht also dafür, das Altwachs in Form von Kerzen zu verbrennen und in den Völkern durch einen neuen Wabenbau zu ersetzten. Alternative Varroazide, wie organische Säuren und ätherische Öle, wie sie immer mehr zur Standardbehandlung gehören, sind für die Wachsqualität in der eingesetzten Dosierung ohnehin kein Problem. Die wasserlöslichen Säuren gehen mit dem Wachs überhaupt keine Verbindung ein.

Das Abbrennen einer Kerze ist nicht ungefährlich. Das sollte jedem Verbraucher bewusst sein. Das Sicherheitsbestreben des Gesetzgebers geht jedoch immer weiter und macht auch nicht vor ganz profanen Dingen wie dem Anstecken einer Kerze halt. So gibt es Bestrebungen, das Produkthaftungsgesetz so zu erweitern, dass alle am Markt angebotenen Kerzen so gefertigt sein sollen, dass sie vor dem vollständigen Herunterbrennen, automatisch erlöschen. Dazu muss der untere Teil des Dochtes mit einer nichtbrennbaren Flüssigkeit getränkt sein. Die Kerzenflamme erlischt, bevor sie ganz herunterbrennen kann.

Eine besondere Verantwortung übernehmen Hersteller von floristischen Gebinden oder Gestecken mit Kerzen. Diese müssen so auf dem Pflanzenmaterial befestigt sein, dass kein Brandherd entstehen kann. Darüber hinaus hat der Verbraucher alles zu unternehmen, damit eine Kerze sicher abbrennt.

Dazu gehört:

- Eine feuerfeste Unterlage, die der Kerze Standfestigkeit verleiht wie ein Kerzenständer.
- Kerzen nie ohne Kerzenhalter mit Teller auf brennbaren Pflanzenteilen befestigen, zum Beispiel dem Adventskranz oder einem Trockengesteck.
- Kerzen nie unbeaufsichtigt, vor allem in Anwesenheit von kleinen Kindern und Tieren brennen lassen.
- Durchzug vermeiden, damit keine brennbaren Teile wie Papier oder ein Vorhang in die Flamme geweht werden können.
- In der Nähe von brennenden Kerzen nicht mit brennbaren Materialien wie einer Zeitung hantieren.
- Mehrere Kerzen nur in einem Mindestabstand von 10 cm abbrennen lassen, sonst kann sich das Wachs zu schnell verflüssigen und entzünden.
- Bei zu starker Rußentwicklung Docht auf 10–15 mm zurückschneiden.

Tipp

Es empfiehlt sich, diese Sicherheitshinweise dem Kunden beim Kauf mit an die Hand zu geben. Diese Kundeninformationen können auch besondere Qualitätshinweise zum Produkt enthalten.

- Flamme stets mit einem Kerzenlöscher oder durch Eintauchen der Dochtspitze ins flüssige Wachs löschen.
- Kerze rechtzeitig vor dem restlosen Herunterbrennen löschen.
- Frisch angezündete Kerze erst wieder löschen, wenn eine deutliche Schmelzschüssel mit flüssigem Wachs entstanden ist. Sonst kann der Docht durchglühen und die Kerze brennt nicht mehr.

Dochte

Früher wurden Kerzendochte aus Werg und Leinen, oft auch von den Kerzenziehern selbst geflochten. Heute werden sie von spezialisierten Herstellern aus gebeizter Baumwolle gefertigt. Gelegentlich werden für die Kerzenherstellung Flachdochte empfohlen, die beliebig in die Kerze eingebaut sein können. Dies funktioniert bei Bienenwachs aber nur bis zur Stärke einer Christbaumkerze.

Alle dickeren Ausführungen brauchen den saugfähigeren, asymmetrisch geflochtenen Runddocht und die korrekte Dochtrichtung. Bei den auf Rollen gewickelten Dochten gilt: der Anfang des Dochtes gehört immer auf die Kerzenoberseite, dort wo sie angezündet wird. Kaufen Sie kleinere Mengen, markiert der aufmerksame Händler die Brennseite mit einem Knoten. Aber auch an einem nicht markierten Docht lässt sich der Verlauf nachträglich feststellen. Im Querschnitt ist auch ein Runddocht nicht vollständig rund. Er entspricht in seinem Querschnitt etwa einem D. Das V-förmige Flechtmuster auf der flachen Seite ist für den Einbau in die Kerze entscheidend. Die Spitzen dieses Musters müssen nach unten weisen.

Wichtig für das Brennverhalten einer Kerze ist auch die Dochtstärke im Verhältnis zur Kerzendicke. Dünnere Dochte werden für sogenannte Leuchtkerzen verwendet. Bei diesen bleibt dadurch der Rand dann stehen und bildet eine Art Schirm. Zu dicke Dochte lassen die Kerze schneller als nötig abbrennen. Das flüssige Wachs findet am Kerzenrand keinen Halt mehr und läuft über. Es bleibt ungenutzt und die Kerze brennt noch rascher herunter.

Da Bienenwachs einen unterschiedlichen Schmelzpunkt und ein anderes Fließverhalten als Kunstwachse besitzt und auch in gereinigter Form immer noch Schwebestoffe enthält, verlangt es nach speziellen und vor allem dickeren Dochten. Die variierende Wachsqualität und die unterschiedlichen Dochtqualitäten der einzelnen Hersteller macht es dringend erforderlich, von jeder Kerzencharge eine Brennprobe zu machen. Erst wenn diese befriedigend verläuft, beginnt man mit der Serienproduktion. Es ist bitter, wenn größere Mengen mühsam hergestellter Kerzen eingeschmolzen werden müssen, weil sie rußen oder zu schnell abbrennen.

Ein Runddocht hat eine flache Seite. Auf dieser zeigt das V-förmige Flechtmuster mit den Spitzen nach unten. Der rechte Docht zeigt also für den Kerzeneinbau in die richtige Richtung.

Dochtdicken für Kerzen aus Mittelwänden gerollt

Docht -Nr.	Anzahl Mittelwände DN
0	1/6 Mittelwand (Christbaumkerzen)
2	1 (Spitzkerzen)
4	1
6	2
8	3
10	4

Dochtdicken für getauchte Kerzen

Docht -Nr.		Durchmesser in mm
2	Christbaumkerze	13–14
4	Tafelkerze	20–25
6	kleine Gesteckkerze	30–35
8	Große Gesteckkerze	35–40
12	Taufkerze	45–55

Kerzen rollen

Diese Form der Kerzenherstellung ist sehr beliebt. Kinder sind für dieses Bastelobjekt leicht zu begeistern, kann aber auch die gestalterischen Fähigkeiten eines kreativen Erwachsenen herausfordern. Je nach Anspruch und Können.

Mit Mittelwänden lassen sich am einfachsten Kerzen herstellen. Es müssen allerdings gewalzte Mittelwände sein, denn dadurch hat das Wachs eine Art Knetvorgang erfahren, der die Mittelwand besonders geschmeidig macht.

Aus einfachen Kerzenmittelwänden können vielgestaltige Kerzen hergestellt werden.

Ein attraktiver Verkaufsschrank mit schöner Kerzenauswahl fördert den Verkauf in der Imkerei.

Kerzenmittelwände werden in unterschiedlichen Gelb- und Brauntönen geliefert. Das eröffnet viele Möglichkeiten in der Gestaltung und Verzierung der Kerzen. Knallig-bunte Farben, wie sie besonders von Kindern geliebt werden, sind mittlerweile auch im Angebot der Hersteller. Besonders edel sehen gerollte Bienenwachskerzen aus, wenn sie aus gewalzten Platten ohne Prägung hergestellt werden, einem Vorprodukt der Mittelwandherstellung. Da die Platten keine Prägung besitzen, werden die Kerzen kompakter und brennen länger (oberes Schrankfach Mitte).

Materialien
- Kerzenmittelwände (evtl. mehrfarbig)
- Arbeitsunterlage größer als Mittelwand
- Lineal
- Teppich- oder Federmesser
- Alkohollämpchen
- evtl. Rollbrettchen
- Flüssigwachs im Wasserbad
-

Vorgehensweise

Schritt 1. Zunächst sorgen Sie dafür, dass die Kerzenmittelwände gut temperiert sind. Lagern Sie sie dazu in einem Raum mit gemütlicher Zimmertemperatur von 23–25 °C, wo Sie sie dann auch weiterverarbeiten.

Schritt 2. Zur Schonung der Tischplatte sollten Sie auf einer Arbeitsunterlage (Karton, Sperrholzplatte) arbeiten, wo Sie auch die Mittelwände zuschneiden und rollen können. Jetzt legen Sie die Mittelwand mit einer Schmalseite nach vorn auf die Arbeitsunterlage. Auf der ersten Zellreihe legen Sie den Docht so an, dass er an der späteren

Oberseite der Kerze ein bis zwei Zentimeter übersteht und schneiden ihn an der Unterseite mit der Mittelwand bündig ab.
Schritt 3. Nun rollen Sie den Anfang der Mittelwand möglichst eng um den Docht. Nach der zweiten bis dritten Umdrehung geht es ziemlich flott. Achten Sie darauf, dass die Spitze der Kerze eine leichte Schräge bekommt. Analog dazu wird der Boden etwas nach innen gewölbt. Die Kerze erscheint insgesamt etwas größer.
Schritt 4. Soll die Kerze dicker werden, legen Sie an das Ende der ersten Mittelwand passgenau eine neue an und drehen weiter, bis die gewünschte Dicke erreicht ist. Beim Wickeln ist ein gleichmäßiger Druck wichtig, damit die Mittelwandlagen ringsum gut anliegen.
Schritt 5. Die Dochtspitze wird kurz in flüssiges Wachs getaucht, damit sie von Beginn an gut anzuzünden ist. Dies können Sie auch schon vor der Kerzenherstellung machen, wenn Sie die Dochte zurechtgeschnitten haben. Dabei darf aber nicht die Seitenrichtung des Dochtes verwechselt werden. Wenn Sie die Dochte komplett in heißes Wachs eintauchen, dass sie sich gut voll saugen, lassen sie sich sogar noch besser verarbeiten und die Kerzen brennen schöner ab.

Tipp
Knickt man die erste Zellreihe über die Arbeitsplatte rechtwinklig ab, lässt sich der Docht besser im Wachs eindrehen.

Fortgeschrittene Kerzendreher verwenden zum Rollen ein Brettchen in etwa Mittelwandgröße. Sobald der Docht dicht eingepackt ist, setzen Sie das Brettchen auf und schieben es mit gleichmäßigem Druck über den Kerzenanfang, um den sich nun der Rest der Mittelwand wickelt. Dies braucht einige Übung, ist aber für die Massenherstellung gleichmäßiger Kerzen fast unverzichtbar.

Die Kerzengröße lässt sich durch Zerteilen der Mittelwand variieren und reicht bis zur Länge der Mittelwand (DN = 35 cm). Neben der klassischen Walzenform können auch Spitzkerzen gerollt werden.

Dazu schneiden Sie die Mittelwand mit dem an einer Flamme leicht erwärmten Messer diagonal durch und drehen sie an der Schmal- oder Längsseite mit dem Docht ein, je nachdem ob Sie lange oder kurze Kerzen wünschen. Dickere Spitzkerzen erhalten Sie, wenn Sie beide Dreiecke übereinanderlegen und zusammen um den Docht wickeln. Wenn Sie zwei verschiedenfarbige Dreiecke übereinanderlegen und sie etwas zueinander verschieben, ergibt sich eine schöne helle

Hinweis

Ist die Kerze zu locker gedreht, macht sie einen hohlen, wenig kompakten Eindruck und brennt vergleichsweise rasch ab. Üben Sie beim Rollen zu viel Druck aus, zerstören Sie teilweise die Zellprägung und hinterlassen Fingerabdrücke.

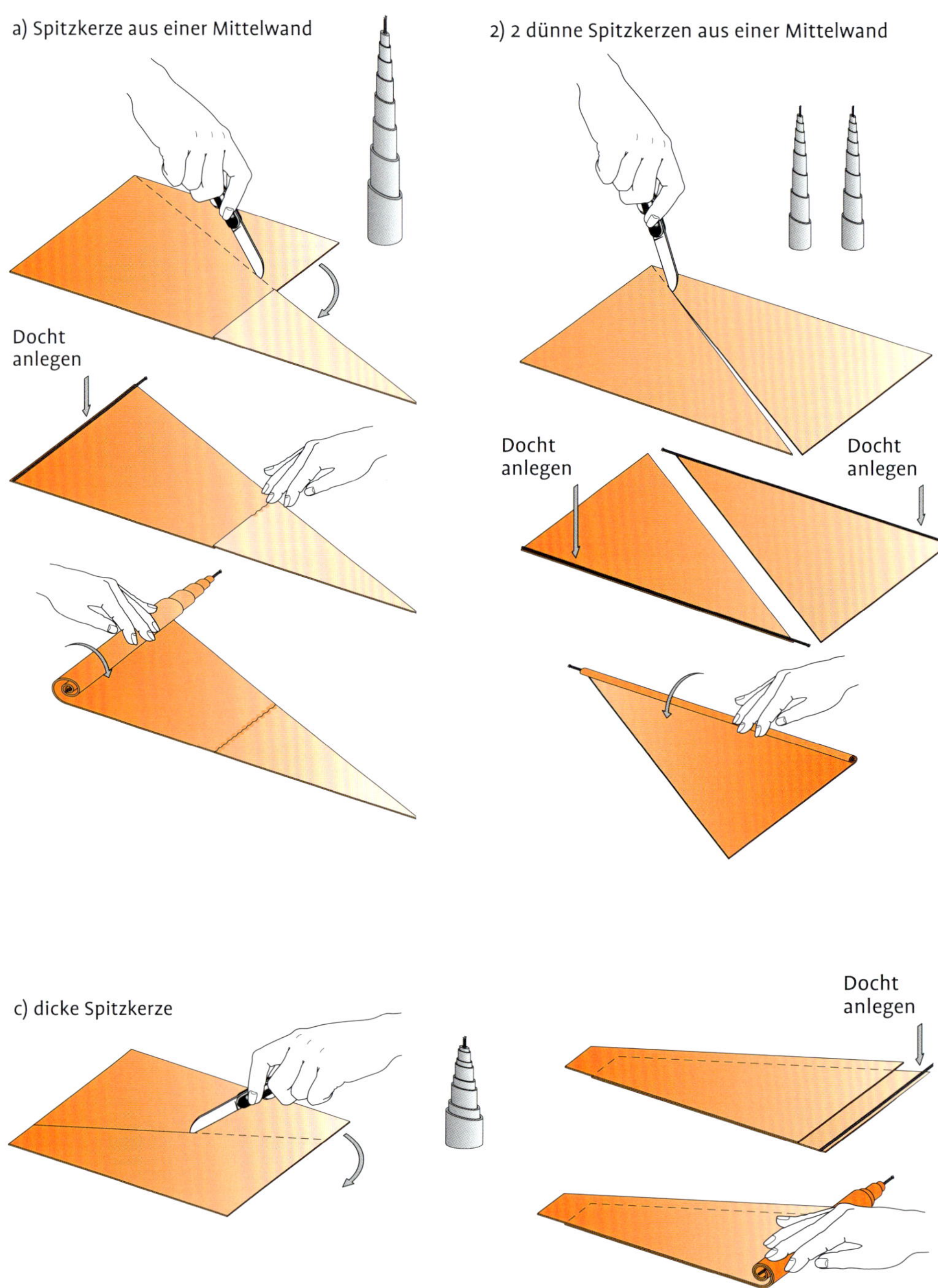
a) Spitzkerze aus einer Mittelwand
Docht
anlegen
2) 2 dünne Spitzkerzen aus einer Mittelwand
Docht
anlegen
Docht
anlegen
c) dicke Spitzkerze
Docht
anlegen

Kerze mit dunkler Spirale oder je nach Reihenfolge, eine dunkle Kerze mit heller Spirale.

Linke Seite:
Je nachdem wie eine Mittelwand geteilt wird, lassen sich unterschiedlichste Arten von Spitzkerzen fertigen. Eine schnittfeste Unterlage und warme Arbeitstemperatur sind wichtige Voraussetzungen.

Kerzen dekorieren

Vor allem walzenförmige Kerzen von einiger Stärke eignen sich sehr gut zum Verzieren. Aus unterschiedlich breiten Mittelwandstreifen übereinander gelegt, lassen sich sehr schöne Bandmuster herstellen und auch in unterschiedlichen Farben variieren. Parallel, längs oder spiralförmig um die Kerze gelegt, ergeben sich attraktive Muster. Gut temperiertes Wachs klebt fast von selbst. Notfalls setzen Sie das an der Alkoholflamme erwärmte Messer als Lötkolben ein. Auch Rauten unterschiedlicher Größe, übereinander gelegt oder mit Gebäckausstechern gefertigte Formen eignen sich als Mustergrundlage. Schmale Mittelwandstreifen können Sie auf der Arbeitsunterlage zu dünnen Strängen rollen und zu Zopfmustern flechten. Diese eignen sich ebenfalls zur Verzierung der Kerze oder zur Umrandung eines klei-

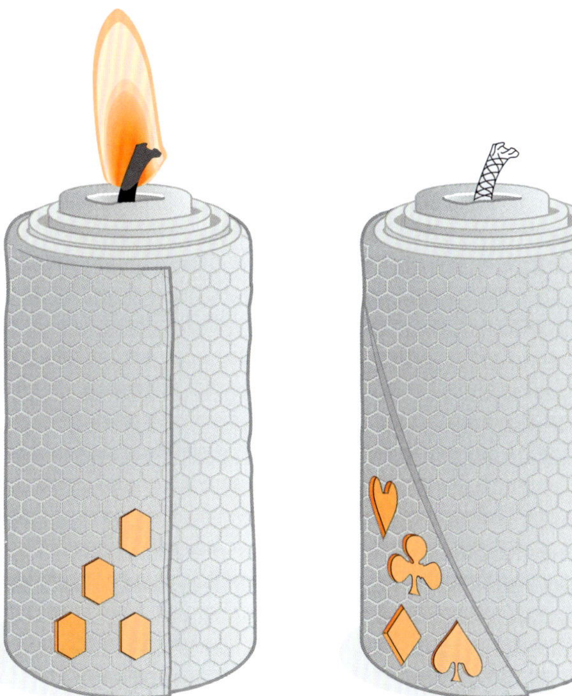

Endstück der Kerzenmittelwand mit Formen ausstechen und mit Farbwachsfolien hinterlegen

Auch gerollte Bienenwachskerzen können attraktiv verziert werden. Wird beispielsweise die letzte Umdrehung mit einer Wachsplatte in beliebiger Farbe hinterlegt, lassen sich ansprechende Motive gestalten.

nen Wachsreliefs (siehe Seite 131) das Sie auf die Kerze montieren können. Einen schönen Effekt erzielen Sie auch, wenn Sie die letzte Umdrehung der Mittelwand mit einem Formausstecher (Plätzchenausstecher) perforieren. Legen Sie ein Stückchen dunklere Mittelwand oder farbiges Wachs darunter, verstärkt sich die Wirkung noch.

Da eine reine Bienenwachskerze ein recht teures Objekt ist, zumal wenn sie nicht abgebrannt wird und nur der Zierde dient, werden für diese aufwendigen Verzierungen gerne Paraffinkerzen verwendet. Oft sind solche Kerzen durch abschließendes Tunken in Farbwachs veredelt.

In der imkerlichen Kerzenfabrikation finden Paraffinkerzen als Rohlinge Verwendung, um sie mit Mittelwänden, Wachsreliefs oder handgefertigten Formteilen, wie Blüten, Buchstaben und anderem aus Bienenwachs zu verzieren. Sie dienen dann beispielsweise als individuell gestaltete Jubiläumskerze zum Verschenken. Ihr Standort sollte nicht gerade ein sonnenbeschienenes Fenster sein, wo sie schnell verblasst und der angeklebte Zierrat abfallen kann.

Vorgehensweise

Schritt 1. Auf die mit einer Mittelwand verkleidete Kerze kann ein Wachsbild angebracht werden. Das Relief hält besser und kommt auch schöner zur Geltung, wenn die Kerze vorher entsprechend der Reliefgröße ausgespart, also eine kleine Nische herausgeschnitten und ebenfalls mit einer Mittelwand oder einer farbigen Wachsplatte auskleidet wird.

Schritt 2. Das Wachsrelief wird vor der Montage gut erwärmt und nötigenfalls entsprechend der Kerzenwölbung gebogen. Dann schmilzt man die Rückseite des Reliefs am Alkohollämpchen gut an und verklebt es zügig mit der ebenfalls gut angewärmten Kerze. Filigranere Teile sollten Sie besser vorsichtig anschmelzen, indem Sie das heiße Messer als Lötkolben benutzen. Schwerere Teile lassen sich auch mit speziellem Klebwachs befestigen.

Schritt 3. Da aufwendige Zierkerzen nicht zum Abbrennen gemacht sind, ist es sinnvoll, sie am Schluss mit einem speziellen Kerzenlack zu versiegeln.

Kerzen kneten

Geknetete Kerzen gehören zu den schönsten und teuersten Bienenwachskerzen überhaupt. Dazu werden die ursprünglichen Gelb- und Brauntöne des Naturwachses genutzt und in einen unregelmäßigen, marmorartigen Verlauf gebracht. Die unterschiedlichen Verfahren sind sehr kompliziert. Sie gehören zu den bestgehüteten Geheimnissen des Wachszieherhandwerkes. Die Herstellung erfolgt noch weitestgehend von Hand und das Resultat ist überwiegend von der Geschicklichkeit und dem Farbenempfinden des Wachshandwerkers abhängig.

Vorgehensweise
Schritt 1. Weiche Wachsklumpen unterschiedlicher Färbung werden aneinander gedrückt und so lange geknetet bis eine schöne Marmorierung entstanden ist.
Schritt 2. Mit einem Wellholz werden die Klumpen zu einer Platte ausgerollt. Diese wird nun um einen Docht zur Kerze gewickelt, mit der Hand geglättet und so in die endgültige Form gebracht. Bei maschineller Herstellung werden hierfür auch Strangpressen eingesetzt.

Tipp

Das Hauptproblem dieser Technik ist es, den Docht genau in die Mitte zu bringen. Eine Möglichkeit besteht darin, den wachsgetränkten Docht nach dem Formen in einen Einschnitt bis zur Kerzenmitte einzuziehen, der dann so geglättet werden muss, dass dieser Eingriff nicht mehr zu sehen ist.

Kerzen ziehen

Im imkerlichen Sprachgebrauch hat es sich eingebürgert, für das Tauchen von Kerzen den Begriff „Ziehen" zu verwenden. Das ist aber nicht richtig. Das Wachsziehen ist die ursprüngliche handwerkliche Herstellungstechnik für große Kerzenmengen. Davon leitet sich auch die Bezeichnung des Kerzen- oder Wachsziehers ab, ein bis heute ausgeübter Lehrberuf, der auch noch andere Techniken einschließt.

Das Verfahren ist wesentlich komplizierter, als das einfache Tunken. Ein langer Docht wird durch ein Wachsbad und ein Zieheisen gezogen und am Ende aufgerollt. Dieser Vorgang wird bei zunehmender Lochgröße des Zieheisens, solange wiederholt, bis die gewünschte Kerzendicke entstanden ist. Bei dieser Kurzbeschreibung wird schon klar, dass diese Technik sehr viel praktische Erfahrung erfordert und eine berufliche Ausbildung rechtfertigt. Heute werden nur noch wenige Spezialkerzen wirklich gezogen, wie etwa die Lichtstöcke, die für alle anderen Herstellungsverfahren zu lang sind und sich gezogen auch besser wickeln lassen.

Das Verfahren des Kerzenziehens ist natürlich nur bis zu einer bestimmten Kerzendicke geeignet. Hauptsächlich waren dies früher Gebrauchskerzen zum Erhellen der Räume. Am Schluss des Herstellungsprozesses werden die Kerzen von den gleichmäßig dicken Strängen abgelängt, zugespitzt und bei Bedarf am entgegengesetzten Ende mit einem Loch für den Dorn des Kerzenständers versehen.

Kerzen tauchen (tunken)

Das Tauchen oder Tunken ist die Königsklasse der imkerlichen Kerzenproduktion. Getauchte Kerzen haben immer eine konische, lang

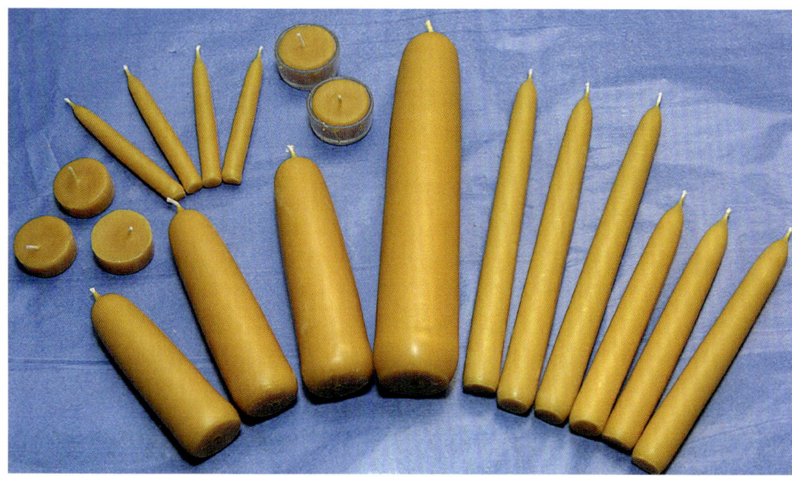

Verschiedene Größen getauchter Kerzen und Teelichte (links und oben)

gezogene Tropfenform, die sich durch das abfließende Wachs nach dem immer gleichtiefen Eintauchen in das Wachsbad ergibt.

Da bis zum Schluss immer in der etwa gleichen Wachsmenge getaucht werden muss, eignet sich dieses Verfahren nur dann, wenn genügend Wachs zur Verfügung steht durch eine größere Zahl an Bienenvölkern oder Wachszukauf und eine Menge von mindestens 150 Kerzen gefertigt werden sollen. Der Tauchbehälter aus Edelstahl sollte möglichst hoch sein. In der Regel muss man ihn extra herstellen lassen oder bezieht ihn fertig im Fachhandel. Damit ist die wichtigste und teuerste Anschaffung getätigt.

Für kurze Kerzen und zum Üben ist auch ein Edelstahleimer geeignet, den Sie, wie beim Herstellen von Mittelwänden, in einen Kochautomaten stellen. Im kleineren Maßstab lässt sich dafür auch ein hoher Spargelkochtopf aus dem Sonderangebot eines Supermarktes nutzen. Auch einen höheren Wachsbehälter können Sie mit einem handelsüblichen Weckkessel betreiben, wenn Sie zum Wachsverflüssigen alles mit einer Isolierhaube abdecken und sich dazu genügend Zeit lassen, eventuell über Nacht. So schmilzt auch das Wachs oberhalb des Wasserstandes. Die Wärme wird dabei besser gehalten, wenn

Tipp

Es empfiehlt sich, vor allem, wenn Sie im geschlossenen Raum arbeiten, ins Wasserbad etwas Wachs zu geben. Die obenauf schwimmende Wachsschicht verhindert, dass Wasser verdampft und Sie nach ein bis zwei Tagen wieder regelmäßig auffüllen müssen. Dadurch bleibt auch der Raum trocken.

der Wasserbehälter mit einem Ring abgedeckt ist, der den Wachsbehälter umschließt.

Die optimale Wachstemperatur um Kerzen zu tauchen liegt etwa bei 75 °C. Bei kühler Umgebungstemperatur darf es etwas wärmer sein. Die Feinjustierung der Wachstemperatur kann vorgenommen werden, wenn das Wachs an der Oberfläche beginnt, eine leichte Haut zu bilden. Regeln Sie jetzt die Temperatur um 5 °C nach oben, liegen Sie meist richtig. Decken Sie nach der Hautbildung den Wachsbehälter kurz ab, verflüssigt sich die Oberfläche sehr rasch wieder.

Um das Prinzip zu begreifen und ein Gefühl für die Kerzenentstehung zu bekommen, ist die Übung mit einem oder mehreren Einzeldochten zu empfehlen. Wenn Sie gleich mit Tauchgestellen drauflos tauchen, laufen Sie Gefahr, am Ende einige Dutzend unbrauchbare Kerzen wieder einschmelzen zu müssen. Bis die perfekte Kerze entstanden ist brauchen Sie viel Übung, wobei kein Gramm Wachs verloren geht!

Materialien

- Möglichst hoher Schmelztopf mit Wachs
- Elektrischer Kochautomat (Weckkessel)
- Docht
- Messer
- Alkohollämpchen oder Bunsenbrenner
- Für die rationelle Fertigung: Mehrere Tauchgestelle mit Dochtspannern oder Gewichten
- Zweiter Wachsschmelzbehälter

Vorgehensweise

An die Dochtoberseite knoten Sie eine Schlaufe zum Festhalten sowie zum Abhängen zum Abkühlen. Einige Aufhängmöglichkeiten zum „Zwischenparken“ einiger Dochte wie in ein Brett eingeschlagene Nägel oder eine Wäscheleine mit fixierten Haken ermöglichen Ihnen dann schon eine kleine Serie. Wenn Sie mit beiden Händen gleichzeitig tauchen, sollten es etwa zehn bis zwölf Kerzen oder Kerzenpaare sein. Dann haben sich die ersten genügend abgekühlt, um wieder eingetaucht zu werden, wenn Sie die letzten getaucht haben.

Schritt 1. Das erste Eintauchen des Dochtes sollte etwas länger dauern. Das Wachs dürfte hierfür auch etwas heißer sein, was allerdings einen extra Arbeitsschritt bedeuten würde. Dabei soll sich der Docht richtig mit Wachs vollsaugen um ihm Feuchtigkeit und Luft auszutreiben. Dies trägt positiv zum späteren Brennverhalten der Kerze bei.

Schritt 2. Nun beginnen die regelmäßigen, immer gleich tiefen Tauchvorgänge. Der Docht wird rasch eingetaucht und etwas langsamer wieder herausgezogen. Dabei darauf achten, dass es nicht so langsam geschieht, dass das Wachs bereits wieder schmilzt. Es muss

jedesmal eine Lage neues Wachs an der Kerze hängen bleiben: Im richtigen Rhythmus etwa ein Millimeter je Tauchvorgang, anfangs weniger, mit zunehmender Dicke mehr. Ziehen Sie die Kerze zu hastig aus dem Wachs, bleibt zu viel hängen und das abfließende Wachs bildet Wellen. Das ist etwa vergleichbar mit dem Malerlehrling, der die Farbe besonders dick aufträgt, damit der Eimer schneller leer wird. Die herunterlaufenden „Nasen“ verhindern eine glatte Oberfläche. Beim Herausziehen sollte das ablaufende, überschüssige Wachs von der Kerzenoberfläche zurück ins flüssige Wachs abgleiten.
Schritt 3. Nach den ersten Tauchvorgängen krümmt sich ein ungespannter Docht leicht. Mit zunehmender Wachsauflage können Sie ihn gerade ziehen, bis er seine gestreckte Form erhält. Dann den gesamten Tauch- und Kühlvorgang einige Male wiederholen, ohne dass größere Pausen zwischen dem Tauchen entstehen, denn sobald das Wachs völlig erkaltet, haftet die erneute Wachsschicht nicht mehr so gut an der Kerze. Sie kann sich ablösen und es können Lufteinschlüsse entstehen. Bei dickeren Kerzen sollten Sie die letzte längere Pause vor den letzten 15–20 Tauchgängen einlegen. Danach müssen Sie die Kerze zunächst etwas langsamer tauchen, damit sich die erste Schicht gut mit dem kalten Wachs verbindet und die Kerze wieder etwas Temperatur bekommt. Dann sollten Sie die Kerze auf jeden Fall fertig tauchen. Das Ziel darf nicht sein, möglichst dicke Kerzen herzustellen. Wenn ihr Gewicht zu schwer und das Wachs zu weich wird, rutscht das mühevoll geschaffene Werk mit einem „Plopp“ vom Docht. Am Anfang üben Sie besser dünnere Kerzen zu machen.
Schritt 4. Nach Beendigung der Tauchvorgänge schneiden Sie die Kerze unterhalb des Dochtes mit einem Messer ab. Das ist kein Problem, wenn Sie sich zu Beginn die Dochtlängen notiert haben. Ist das Wachs schon zu sehr erkaltet, können Sie das Messer an einer nicht rußenden Flamme gut erwärmen – oder besser ins Wasserbad des Heizkessels eintauchen. Die Schnittstelle wird mit dem heißen Messer etwas geglättet. Mit einem allerletzten Tauchvorgang werden die Schnittspuren noch besser kaschiert. Eine dünne Kerze ist nun fertig. Dickere Exemplare können Sie noch mittels Ahle oder Bohrer mit einem Loch für den Dorn des Kerzenständers versehen.

Haben Sie sich mit dem Prinzip des Kerzentauchens einmal vertraut gemacht, kann es an die Serienproduktion gehen. Dazu verwenden Sie Tauchgestelle, mit denen sich gleich mehrere Dochte in einem Arbeitsgang tauchen lassen. Tauchgestelle können Sie selber bauen oder über den Fachhandel beziehen. Einfache Gestelle bestehen aus einem Holzbrett an dessen Ränder Sie, zum späteren Befestigen der Dochte, Nägel einschlagen oder Schrauben eindrehen. Die Abstände sind so zu wählen, dass die fertigen Kerzen mit einem geräumigen Abstand Platz nebeneinander finden. In der Mitte benötigen die Gestelle als

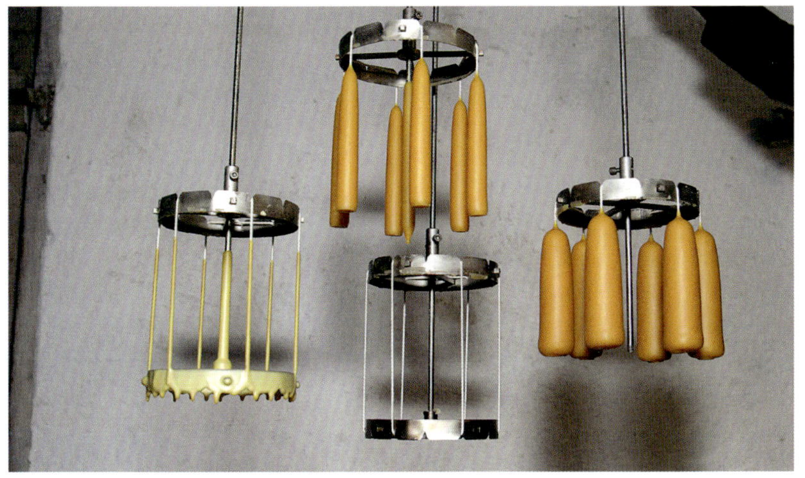

Arbeitsschritte des Kerzentauchens (von unten im Uhrzeigersinn): eingespannter Docht, erste Tauchdurchgänge mit Dochtspannung, frei getauchte und fertige Kerzen

Griff einen Haken oder eine Öse zum Aufhängen. Der sollte so beschaffen sein, dass sich die Gestelle immer senkrecht auspendeln, sonst kommt es zu einer unregelmäßigen Wachsanlagerung um den Docht und die Kerzen werden ungleich lang. Während der ersten Tauchvorgänge befestigen Sie an den Enden der Dochte ein Gewicht, beispielsweise eine Schraubenmutter, möglichst aus Edelstahl. Diese zieht den Docht gerade, bis der Wachsmantel eine ausreichende Stabilität erreicht hat. Das ist etwa ab Bleistiftstärke der Fall. Jetzt können Sie die Gewichte abschneiden. Die Schnittstelle formen Sie mit den Fingern gleichmäßig an, damit das Wachs anschließend wieder regelmäßig abläuft.

Zum Strecken des neuen Dochtes oder der noch sehr dünnen Kerze gibt es auch spezielle Tauchgestelle mit Dochtvorspannung). Der Docht wird am oberen Teil befestigt und am unteren Teil auf Spannung gebracht. Für dünne Kerzen kann der Docht einfach durch die Nuten oder über die Halteschrauben endlos eingefädelt werden. Für dickere Kerzen ab Tafelkerzengröße müssen die Dochte einzeln mit der richtigen Flechtrichtung nach oben (siehe Seite 110), eingesetzt werden. Nach den ersten Tauchvorgängen können sich die Dochte etwas dehnen und eine geringfügige Nachspannung erforder-

Hinweis

Die Anzahl der Tauchvorgänge je Kerze ist davon abhängig, wie gut der Tauchrhythmus auf die Wachs- und Raumtemperatur abgestimmt ist. Christbaumkerzen benötigen etwa 12, Tafelkerzen von 20 mm Durchmesser 15 bis 20 Tauchvorgänge.

lich machen. Nachdem die Kerzen auf Bleistiftstärke angewachsen sind, schneiden Sie sie am unteren Spannrahmen bündig ab, den Sie nun entfernen können). Die Schnittstellen werden etwas nachgeformt wie nach dem Abschneiden der Gewichte bei der vorigen Methode. Die Kerzen können nun frei hängend fertig getaucht werden.

Zum zügigen Tauchen benutzen Sie am besten zwölf Tauchgestelle, die Sie in greifbarer Nähe der Reihe nach frei aufhängen. Bis alle getaucht worden sind, sind die Kerzen des ersten Gestelles zum nächsten Tauchvorgang ausreichend, aber nicht zu stark ausgekühlt. Zum Nachfüllen des Wachses ist eine zweite Schmelzmöglichkeit zu empfehlen, damit keine zu langen Pausen beim Aufheizen des nachgefüllten Wachses entstehen.

Kerzen gießen

Schon die Talglichter früherer Zeiten wurden häufig in Formen aus Holz oder Metall gegossen. Selbst nach Einführung der synthetischen Kerzen blieb es ein bevorzugtes Verfahren, da sich Stearin nicht zu Kerzen ziehen lässt. Die ersten Gießmaschinen nahmen um 1860 ihren Betrieb auf.

Für die imkerliche Kleinerzeugung von Kerzen und Wachsfiguren kommen Silikonkautschukformen, seltener solche aus Gips, Metall oder Glas, zum Einsatz. Silikonkautschuk ist hitzebeständig und eignet sich in entsprechender Qualität sogar zum Gießen von Zinn. Silikon ist aber auch sehr flexibel und somit auch für kompliziertere Formen geeignet. Der wesentliche Vorteil ist aber seine wachsabweisende Eigenschaft. Dadurch lassen sich die Werkstücke auch ohne die Verwendung eines Trennmittels leicht ausformen. Nicht zuletzt können Sie aus Silikonkautschuk auf relativ einfache Weise die Formen selbst herstellen (siehe ab Seite 128).

Ist etwa Bleistiftstärke erreicht, wird der untere Spannrahmen entfernt und frei weiter getaucht.

Die Kerzen müssen bei jedem Vorgang gleich tief eingetaucht werden.

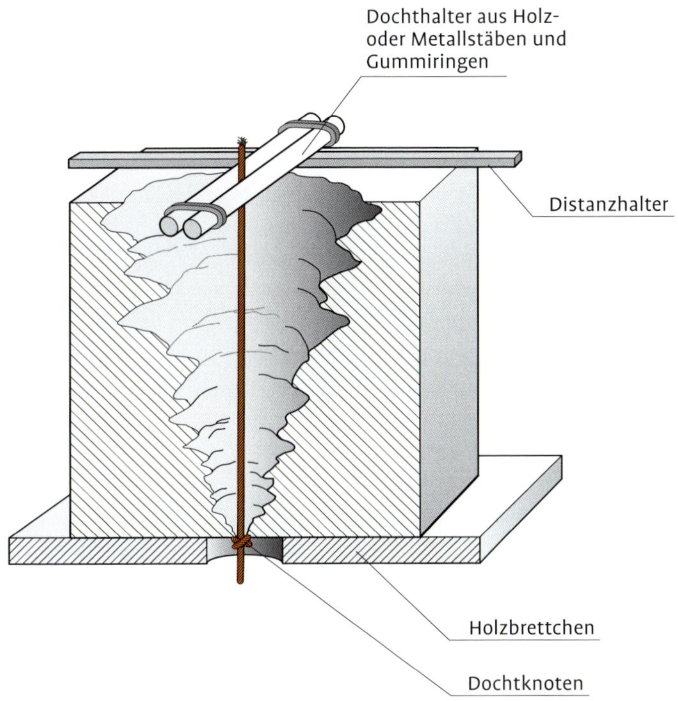

Eine Kerzenform wird vom Boden her gefüllt. Damit der Dochtknoten nicht in die Form drückt, wird er entsprechend unterlegt. Auch der Dochthalter wird etwas unterlegt, damit er nicht mit der Wachsoberfläche in Berührung kommt.

Der Markt für Kerzenzubehör bietet fertige Gießformen in einer unübersehbaren Zahl von Motiven an. Das Prinzip ist meist das Gleiche: Das Hohlmodell befindet sich verkehrt herum in der Form, damit die Kerze oder die Figur von ihrem Ende, dem späteren Boden her gegossen werden kann. Die Form ist von oben bis unten zur Hälfte aufgeschnitten, die gegenüberliegende, unversehrte Seite, hält die Form zusammen. Beim Kauf einer Form müssen Sie darauf achten, dass der Formboden, wo der Docht eingeklemmt werden muss, dick genug ist und auch seitlich nicht zu sehr mit Silikonkautschuk gespart wurde.

Materialien

- Flüssigwachs 72–75 °C
- Schnabelbecher zum Gießen
- Silikonkautschukform
- Gummiringe für die Form
- Docht
- Dochthalter (Holzstäbchen oder Drahtstifte/Speichen, auch lange, stabile Nadeln)
- Gummiringe
- Brettchen als Formunterlage
- Messer
- Schere

Vorgehensweise

Schritt 1. Die Form wird folgendermaßen zum Gießen vorbereitet: In den Bodenschlitz ziehen Sie bis zur Kerzenmitte einen Docht ein, an dessen Ende sich ein Knoten befindet (= Dochtoberseite). Um die Form legen Sie nun einige Gummiringe, straff genug um den Seitenschlitz abzudichten, aber nicht so stark gespannt, dass sich die Form verzieht. Wenn Sie beim Zusammenfügen der beiden Teile sorgfältig arbeiten, ist an der fertigen Kerze keine Naht zu sehen. Da am Boden der Dochtknoten übersteht, stellen Sie die Form auf zwei Brettchen, die Sie mit geringem Abstand parallel und waagerecht nebeneinander legen. Die Oberseite des Dochtes (spätere Unterseite der Kerze) klemmen Sie zwischen zwei Holz- oder Metallstäbchen (Fahrradspeichen oder Drahtstifte), die mit Gummiringen fest zusammengehalten werden (siehe Zeichnung Seite 123). Dazu legen Sie zuerst die Gummiringe an, drücken die Stäbchen mit einem Messer etwas auseinander, klemmen den Docht dazwischen und richten ihn in der Mitte der Kerze aus. Alternativ eignet sich als Dochthalter auch eine kräftige Nadel, die Sie in der richtigen Höhe durch den Docht stoßen. Sie können hierfür auch eine Wäscheklammer verwenden. Da das Wachs beim Gießen etwas am Docht hochsteigt, sollten Sie den Dochthalter seitlich mit zwei Klötzchen noch etwas unterlegen. Sonst lässt sich die Form nicht randvoll füllen. Aus rationellen Gründen sollten Sie immer eine möglichst große Anzahl Kerzen auf einmal gießen, bereiten also zunächst alle Formen in genannter Weise auf den Gießvorgang vor.

Schritt 2. Das Wachs wird auf mindestens 72 °C vorgewärmt. Kälter kann es in der Form zu Lücken und Fehlern führen. Ist es zu heiß, zieht es sich in der Form zu sehr zusammen und hinterlässt einen konkav eingezogenen Boden. Bei richtiger Gießtemperatur wird er hingegen leicht gewölbt. Außerdem kann das Wachs aus der nicht ganz

Silikon-Kerzenformen müssen vor dem Gießen sorgfältig zusammengebaut werden.

Hinweis

Formen aus Silikonkautschuk sind pflegeleicht. Gewaltanwendung beim Ausformen oder Reinigungsversuche mit harten Gegenständen können sie aber auch zerstören. Sie sollten staubfrei gelagert werden. Verschmutzt die Form dennoch einmal, reinigen Sie sie mit Wasser, dem Sie ein Haushaltspülmittel zugesetzt haben.

dichten Form heraus fließen. Wenn das passiert, Wachstemperatur reduzieren und die Kerze erst angießen. Kleine Wachsmengen erkalten schnell und schließen kleine Lücken in der Form. Nach wenigen Sekunden die Form fertig gießen, sonst sieht man später die verschiedenen Wachsschichten. Zum Befüllen der Formen verwenden Sie am besten einen Becher mit Griff und Ausgießschnabel. Für den professionellen Großeinsatz eignet sich auch ein Soßenportionierer, wie er im Gastronomiebedarf erworben werden kann.
Schritt 3. In manchen Motivformen kommt es gelegentlich zu Lufteinschlüssen. Diese Blasen können Sie zum Aufsteigen bewegen, wenn Sie gleich nach dem Gießen leicht an die Form klopfen beispielsweise mit dem Messerrücken oder einer Schere.
Schritt 4. Kleine Formen kühlen schneller, große entsprechend langsamer aus. Bei besonders großen Formen dürfen Sie das Abkühlen nicht zu sehr forcieren, da sich sonst Risse bilden können. Wenn es soweit ist, entfernen Sie den Dochthalter und die Gummiringe von der Form. Jetzt öffnen Sie vorsichtig den seitlichen Schlitz und entnehmen die fertige Kerze. Ungeübte sollten zum Ausformen der Kerzen lieber etwas länger warten, bis das Wachs richtig fest geworden

Da sich das Wachs leicht über den gefüllten Formrand wölbt, muss der Dochthalter etwas unterlegt werden.

Beim Ausformen zeigt sich, ob der Guss gelungen ist.

ist. Profis nehmen die Kerze früher aus der Form, um das weiche Wachs der Kerze noch etwas mit der Hand nachzuarbeiten und Fehlstellen wie an der Formnaht glätten zu können. Dies hinterlässt am weichen Wachs kaum Spuren. Versuchen Sie hingegen am harten Wachs mit einem heißen Messer zu korrigieren, wird das zumindest ein Kenner später noch bemerken.
Schritt 5. Zum Schluss schneiden Sie das untere Ende des Dochtes vollständig ab. Das obere wird auf 1,5 cm gekürzt und zum besseren Anzünden der Kerze kurz in Flüssigwachs getaucht. Im Bedarfsfall ist die Unterseite mit einem heißen Messer etwas zu korrigieren, damit die Kerze fest und gerade steht. Größere Kerzen sollten Sie noch mit einem Loch für den Kerzenständer versehen.

Besonders große und schwere Kerzen, die nicht mehr getaucht werden können, können Sie in beliebig großen PVC-Abflussrohren gießen. Die Unterseite verschließen Sie mit einem passenden Endstück mit Dichtung als Bodenverschluss, das mit Trennmittel benetzt werden muss (siehe Seite 74). Den Docht oder mehrere davon können Sie an entsprechenden Schrauben befestigen, die Sie dicht schließend in den Boden drehen. In die Innenseite des Rohres passen Sie eine Polyesterfolie ein, die Sie auf ihrer Außenseite mit einem Klebeband fixieren. Jetzt schieben Sie die Folienrolle in das Rohr. Nach dem Fixieren des Dochtes können Sie mit dem Gießen beginnen. Zum Ausformen die Kerze gut auskühlen lassen und nach Entfernen des Bodens mit der Folie aus dem Rohr herausziehen. Die Nahtstelle der Folie etwas glätten.

Extrem dicke Kerzen brauchen einen entsprechend dicken Docht, der nur sehr schwer zu beschaffen ist oder selbst geflochten werden muss. Das Brennergebnis ist aber meist unbefriedigend. Deshalb soll-

Teelichte sind der „Goldstandard“ der Wachsqualität. Wenn sie gut brennen, wird dies auch mit dem gleichen Wachs bei dickeren Kerzen der Falls sein.

ten Sie derart aufwendige und kostspielige Kerzen, die meist auch noch künstlerische Verzierungen erhalten, mit einem Brenneinsatz versehen, der immer wieder ausgewechselt (Kerze) oder nachgefüllt (Petroleumlampe) werden kann.

Teelichte

Als Lichte werden Kerzen bezeichnet, die in einem Becher abbrennen, damit das sich schnell verflüssigende Wachs nicht ungenutzt ablaufen kann. Die Verwendung im Stövchen zum Warmhalten des Tees, haben den kleinen Kerzen im flachen Becher ihren Namen gegeben. Normalerweise sind sie aus gepresstem Paraffin. Immer mehr wurden diese Kerzen aber auch zur Wohnraumbeleuchtung beliebt, wozu sich solche aus Bienenwachs besonders gut eignen, weil sie ihren charakteristischen Duft verbreiten, besonders lange brennen und keine schädlichen Gase ausströmen.

Für die Herstellung von Teelichten gibt es spezielle gewachste Dochte mit einem kleinen Metallfuß. Das Wachs verflüssigt sich mit der Zeit vollständig im Brennbecher. Der Docht würde ohne den Fuß umfallen und die Kerze erlöschen.

Tipp

Teelichte dürfen nur im feuerfesten Becher meist aus Aluminium oder hitzebeständigem Glas, auf wärmeresistenter Unterlage abgebrannt werden. Die recht dünnen Dochte brennen nur in absolut sauberem Wachs störungsfrei ab. Deshalb ist ein Brenntest mit Teelichten immer auch der absolute Sauberkeitstest für das Wachs.

Vorgehensweise
Schritt 1. Zur Herstellung von Teelichten füllen Sie zunächst die Alu- oder Glasbecher mit Flüssigwachs und warten bis es sich ein wenig eintrübt.
Schritt 2. Dann stellen Sie zügig die kleinen Dochte genau mittig hinein. Dabei müssen Sie sehr sauber arbeiten, denn die Kerzen kommen wie gegossen in den Verkauf. Verschmierte Ränder, unschöne Oberflächen oder schiefe Dochte sind untragbar.
Schritt 3. Arbeitserleichternd und rationeller ist die Alternative, die Teelichte in einer Silikonkautschukform vor zugießen. Die Kerzen sehen professionell aus, gelingen auf Anhieb und Sie produzieren weniger Ausschuss.
Schritt 4. Die Form für zehn Kerzen wird zunächst vorbereitet, indem Sie in die Mitte jeder Vertiefung einen Nagel stecken. Dieser bildet die Aussparung für den Docht und sorgt dafür, dass dieser genau mittig und senkrecht steht.
Schritt 5. Nun werden die Formen mit Flüssigwachs gefüllt. Nachdem das Wachs fest geworden ist, wird es am Nagel entnommen, den Sie auch gleich anschließend entfernen. Das geht besser, wenn das Wachs noch nicht vollständig erkaltet ist.
Schritt 6. In das nun entstandene Loch führen Sie von oben den Docht ein und drücken den Dochtfuß etwas in das noch weiche Wachs. Die schöne Unterseite der Kerze wird nun zur Oberseite mit einer kleinen Vertiefung als Brennpfanne.

Einfache Form aus Silikon

Die hier vorgestellte Form ist sehr einfach herzustellen. Die Silikonmasse ist in jedem Baumarkt relativ billig zum Abdichten von Fugen zu bekommen. Allerdings ist das Material nicht so strapazierfähig wie Silikonkautschuk und es eignet sich eher für kleinere Formen, die nur gelegentlich zum Einsatz kommen.

Materialien:
- Silikon-Kartusche mit Presse
- Formvorlage
- Brettchen als Unterlage
- Frischhaltefolie
- Tapetenmesser
- Spülmittelwasser

Als Formvorlage kann jede beliebige Figur oder Kerze genommen werden, wobei allerdings das Urheberrecht zu berücksichtigen ist. Die Vorlage sollte keine starken Hinterschneidungen aufweisen, sonst lässt sich die Form nicht mehr öffnen ohne sie zu zerstören.

Vorgehensweise
Schritt 1. Die Vorlage setzen Sie auf ein Brettchen, das Sie zuvor mit einer Haushalts-Frischhaltefolie überzogen haben.
Schritt 2. Die Silikon-Kartusche setzen Sie in die Presse ein und schneiden die Spritztülle so auf, dass eine nicht zu weite Öffnung entsteht. Nun spritzen Sie vorsichtig die erste Schicht auf. Dabei müssen Sie besonders sorgfältig vorgehen, damit keine Luftblasen an der Oberfläche der Form entstehen.
Schritt 3. Da die Silikonmasse Essigsäuredämpfe verströmt, hat die ganze Prozedur in einem gut gelüfteten Raum zu erfolgen.
Schritt 4. In Abständen von jeweils zwei Tagen tragen Sie weitere drei bis vier Schichten auf. Dabei sollten Sie die Masse so verteilen, dass die Form oben möglichst breit wird und einen Fuß bekommt, denn sie muss ja zum Befüllen mit Wachs umgekehrt stehen können. Nach Bedarf können Sie in dieser Position den Standfuß der Form noch nachträglich verbreitern. Die letzte Schicht können Sie etwas mit den Fingern formen und verstreichen, wenn Sie sie zuvor in Wasser mit reichlich Geschirrspülmittel benetzt haben.
Schritt 5. Nach einer einwöchigen Abbindezeit kann die Form von einer Seite bis zur Mitte (Dochtposition), möglichst in einem Zug aufgeschnitten werden. Vor dem Formenaufbau sollten Sie sich die Rückseite des Modells markieren, damit die Trennlinie nicht gerade auf der schönen Seite des Motivs verläuft.

Kerzenform aus Silikonkautschuk

Für den häufigen Gebrauch und langjährige Nutzung sollten die Formen unbedingt aus Silikonkautschuk gegossen sein. Das Material ist zwar teurer als Silikondichtungsmasse, lässt sich aber schneller verarbeiten, eignet sich für annähernd alle Formen und Größen und ist wesentlich langlebiger. Schon bei Abnahme einiger Kilos reduziert sich der Preis erheblich. Sie sollten es dann aber auch nutzen können. Oder Sie teilen es mit Kollegen.

Materialien:
- Modell, Urform
- Silikonkautschukmasse
- Vernetzer (Härter)
- Einwegspritze oder Pipette
- Rührstab aus Holz oder Kunststoff
- Formhüllen (PVC-Rohr, Folie)
- Sperrholzbrettchen als Unterlage
- Plastilin
- Dünne Nägel
- Klebeband
- Messer

Da Silikonkautschuk flüssig gegossen wird, muss zunächst eine dichte Form gebaut werden. Da Sie die mit Netzmittel versehene Masse sofort verbrauchen müssen und die präzise Menge im Voraus nie genau berechnen können, bereiten Sie immer mehrere Formen, möglichst auch kleinere, zum Gießen vor.

Die Form für die Form können Sie aus einem PVC-Rohr bauen, das Sie mit einer nicht zu dünnen Folie, zu einem passenden Zylinder zugeschnitten und mit Klebeband zusammengeklebt, auslegen, damit sich die gehärtete Form wieder herausnehmen lässt. Es eignet sich aber auch jedes andere Material, wenn der Formbehälter weit genug ist, damit die Außenhaut der Gießform nicht zu dünn und instabil wird, aber doch eng genug verläuft, um Silikonmasse zu sparen (Abstand zum äußersten Durchmesser 1–1,5 cm).

Vorgehensweise

Schritt 1. Auf einem Sperrholzbrettchen oder einer anderen stabilen Unterlage bauen Sie nun die Form auf. Zunächst bohren Sie in der Mitte ein dünnes Loch, durch das Sie einen Nagel stecken oder schlagen können, ohne dass das Brettchen reißt.

Schritt 2. Auf dem Brettchen rollen Sie etwa 5–10 mm dick das Plastilin etwas größer als die Formhülle aus. Nun stellen Sie die Formvorlage, etwa eine Kerze, mittig auf das Plastilin und fixieren sie von unten mit einem Nagel. Damit wird vermieden, dass die Kerze in der gefüllten Form durch den Auftrieb nach oben steigt, bevor sich die Masse verfestigt hat.

Schritt 3. Der Kerze schneiden Sie den Docht ab und stecken stattdessen einen dünnen Nagel hinein. An der Position des Nagels lässt sich die Füllhöhe festlegen und die richtige Lage des Models nach dem Befüllen kontrollieren und bei Bedarf korrigieren. Durch die Öffnung des Nagels wird später der Docht geführt.

Schritt 4. Nun stülpen Sie die Formhülle so darüber, dass sich ringsum ein gleichmäßiger Abstand ergibt und drücken sie fest in die Plastilinmasse ein. Von außen drücken Sie die Knetmasse sorgfältig an die Form um sie gut abzudichten.

Schritt 5. Jetzt können Sie mit dem Gießen der Form beginnen. Schätzen Sie die benötigte Menge und messen entsprechend Silikonkautschukmasse in einem Messbecher ab. Dazu geben Sie je 100 ml Masse 2 ml Vernetzer (oder dementsprechend nach Gebrauchsanweisung) und verrühren alles sehr homogen miteinander, ohne dabei Luftblasen zu erzeugen.

Schritt 6. Dann gießen Sie die Masse so über das Modell, dass sie sich gut daran anlegt und möglichst keine Luftblasen hinterlässt. Sie sollten die Füllhöhe nicht zu knapp bemessen, da die Oberseite später zur Unterseite der Form wird, die besonders dicht schließen muss.

Schritt 7. Die restliche Masse verteilen Sie in weitere, kleinere For-

men, die Sie vorsorglich bereitgestellt haben. War die angerührte Menge zu gering, können Sie erneut Silikonmasse anmischen und nachgießen, selbst wenn der erste Guss schon abgebunden hat.
Schritt 8. Nach zwei Tagen Abbindezeit können Sie die Form aus der Hülle nehmen. Schneiden Sie sie mit einem scharfen Messer in einem einzigen Schnitt bis zum Dochtnagel auf. Bei Figuren- und Dekorkerzen sollten Sie darauf achten, dass Sie nicht die schöne Seite, sondern die Rückseite zerschneiden. Dann stört es nicht weiter, wenn an der Kerze eine winzige Naht entsteht. Bei sorgfältigem Zusammenbau der ausreichend dicken Form können Sie dies aber vermeiden.

Figuren gießen

Wachsfiguren sind weit verbreitet und dienen unterschiedlichsten Zwecken. Im christlich-religiösen Brauchtum sind sie fester Bestandteil der sogenannten Fatschenkinderl, in reich geschmückte Binden gewickelte Christuskinder zur persönlichen Andacht. Oder Votivgaben, Darstellungen von Körperteilen, Armen, Beinen, die sich auf das Gebrechen des Heilung suchenden Pilgers bezogen und der sie an heiliger Stätte zum Dank niederlegte. Das Wachs wurde in die Kirchenkerzen eingearbeitet. Medizinstudenten wurden gelegentlich an Bienenwachsmodellen ausgebildet, wie sie im Medizinhistorischen Museum Wien in ungewöhnlich kunstvoller Weise zu bestaunen sind. Die Wachsfigurenkabinette der Welt fertigen zum Teil heute noch ihre Exponate aus Bienenwachs und verfügen über entsprechende Vorräte davon für die Neuzugänge. Die menschliche Haut lässt sich anscheinend mit keinem Werkstoff so echt darstellen.

Wie bei Kerzen lassen sich die sichtbaren Teile der Figuren auch in Wachs gießen, müssen dann aber noch kunstvoll von Hand nachgearbeitet werden. Die Herstellung der Formen funktioniert ähnlich wie

Lichtstöcke, Fatschenkinder und Votivfiguren aus Bienenwachs gehören zum religiösen Brauchtum.

jene für Kerzen. Da ihre Umrisse nicht immer rund sein werden, fallen die Formhüllen oft rechteckig aus. Sie können sie sich aus Sperrholzbrettchen bauen oder passende, stabile Pappschachteln mit festem, ebenem Boden verwenden, den Sie mit Haushalts-Frischhaltefolie auslegen. Für Reliefs, die zur Verzierung von Kerzen oder als Wandschmuck verwendet werden, ergeben sich relativ niedrige Formen. Diese Wachsbilder können bronziert oder mit einer Patina versehen, einen nostalgischen Touch bekommen. Vollfiguren sollten Sie ausformen, solange das Wachs noch weich und verformbar ist. Dann lassen sich Unregelmäßigkeiten und Nahtstellen noch von Hand korrigieren und unsichtbar machen. Je nach Verwendungszweck und Geschmack können die Figuren mit speziellen Wachsfarben koloriert werden.

Hinweis
Besonders bei Figurenvorlagen, aber auch bei einigen Kerzen, ist das Urheberrecht zu berücksichtigen, insbesondere, wenn Sie die Endprodukte auf den Markt bringen wollen.

Völlig unproblematisch ist das Abgießen von Früchten und anderen Formen aus der Natur. Saugfähige Vorlagen wie Tannenzapfen oder ein verwitterter Holzklotz mit schön herausgearbeiteter Maserung müssen Sie vor der Herstellung der Form dünn mit Wachs überziehen, damit sie sich wieder gut aus dem Silikonkautschuk herausschälen lassen.

Je nach Verwendungszweck, können insbesondere große Figuren auch hohl gegossen werden. Das Wachs beginnt von außen her zu stocken. Ist eine ausreichende Wandstärke erreicht, wird das restliche Flüssigwachs aus der Form ausgegossen. Auf diese Weise entstehen übrigens auch Osterhasen und Weihnachtsmänner aus Schokolade. Da Silikon bekanntlich ein schlechter Wärmeleiter ist, verwendet man für Wachs-Hohlfiguren vorzugsweise zweiteilige Gipsformen.

Mit Wachs modellieren

Die Hohe Schule des figürlichen Gestaltens ist das Handmodellieren mit Wachs. Renommierte Künstler fertigen ihre Skulpturen für den

Unter einer Infrarotlampe lassen sich Wachsteile zum Kneten vorwärmen.

Bronzeguss als Urform in Bienenwachs. Die gesamte Figur wird dann in Formsand eingebettet. Die einfließende glühende Bronze schmilzt und verdrängt das Wachs. Übrig bleibt die Bronzeplastik als einmaliges Unikat.

Für die kunsthandwerkliche Wachsarbeit lassen sich selbst geformte Wachsmodelle auch zum Formenbau aus Silikonkautschuk verwenden. Mit der richtigen Silikonqualität können Sie die Modelle sogar in Zinn nachgießen.

Tipp
Wachs aus Altwaben mit einem gewissen Propolisanteil ist geschmeidiger und somit geeigneter als solches aus Jungfern- oder Entdecklungswachs.

Materialien:
- Blockwachs in verschiedenen Naturfarben
- Wärmequelle (Ofen, Brutapparat, Infrarotlampe, Heißluftpistole)
- evtl. Brettchen, Stein, Muschel als Standfuß

Hier sollen aber die Wachsfiguren im Vordergrund stehen. Auch wenn sich das Modellieren mit Wachs schwierig anhört, sollten Sie es dennoch einmal versuchen. Das Ergebnis ist am Ende befriedigender und erfüllender als das bloße technische Vervielfältigen vorgegebener Formen. Darüber hinaus können Sie mit den natürlichen Gelb- und Brauntönen des Wachses zusätzliche Effekte einbringen. Wenn Sie nicht vor poppigen Farben zurückschrecken, sind Ihnen durch die Verwendung von Farbwachs gestalterisch keine Grenzen gesetzt.

Geknetet wird es etwa bei Körpertemperatur mit sauberen Händen! Sonst wird aus hellgelbem schnell graues Wachs. Kleine Mengen haben die nötige Temperatur nach kurzem Kneten bereits erreicht. Größere Stücke müssen Sie am Ofen oder unter einer Infrarotlampe vorwärmen. Die Temperatur regulieren Sie durch die Entfernung zur Wärmequelle, denn das Wachs darf auf keinen Fall schmelzen! Dazu brauchen Sie ein wenig Geduld. Auch ein Brutapparat, in mancher

Bevor das eigentliche Formen beginnt, ist der Wachsklumpen tüchtig durchzukneten.

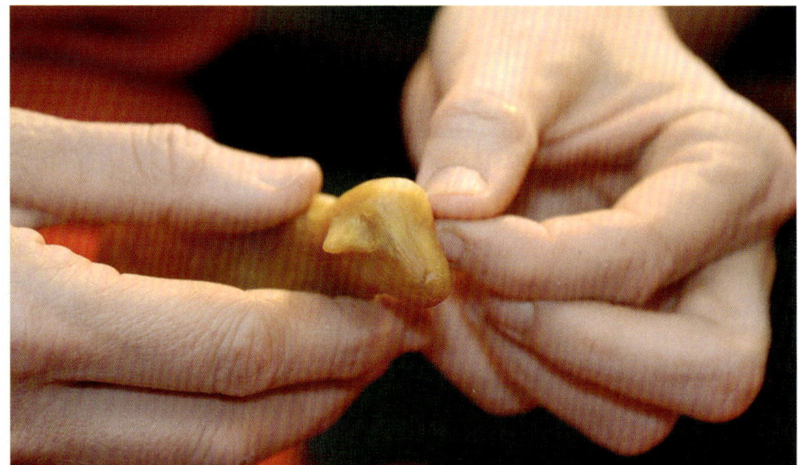

Alle Teile werden ohne Hilfsmittel nur mit der Hand geformt.

Unterlagen aus Naturmaterialien bringen die Figuren richtig zur Geltung.

Imkerei vorhanden, eignet sich recht gut für die richtige Temperierung. Mit Föhn oder Heißluftpistole können Sie bestimmte Stellen eines Werkstücks auch partiell aufwärmen, um sie nachzuarbeiten.

Nehmen Sie sich am Anfang zunächst einfachere Motive vor, um ein Gefühl für Material und Gestaltungsmöglichkeiten zu bekommen. Mit genügend Übung werden Sie später auch komplexere Ideen verwirklichen können. Das Ziel sollte sein, die Figuren ohne weitere Hilfsmittel, nur mit der Hand aus einem einzigen Wachsklumpen zu formen, ohne anschließendes Ankleben von Beinen und Armen. Dadurch ergeben sich besonders harmonische und stabile Figuren.

Bricht einmal etwas ab, kann es nach vorheriger Erwärmung beider Teile wieder angeklebt und angeknetet werden. Nur für kleine, markante Vertiefungen, wie die Augen, wird spitzes Werkzeug, etwa eine Sticknadel, eingesetzt. Besonders gut kommen die Figuren zur Geltung, wenn Sie sie auf eine Unterlage montieren, die einen Bezug zum Motiv herstellt. Ein kantiger Stein für ein Gebirgstier, ein glatter Kiesel für einen Fisch oder einen bizarren Trockenast für einen Vogel. Zum Befestigen können Sie Klebewachs verwenden, das der Fachhandel anbietet. Zum Material Bienenwachs sehr passend und eine besonders schöne Aufgabe ist die Gestaltung einer Weihnachtskrippe.

Wachssiegel

Im Mittelalter wurden wichtige Verträge mit Bienenwachs gesiegelt. Kaiser verwendeten dafür rotes, Stifte und Klöster grünes, Freie Reichsstädte weißes, der Patriarch von Jerusalem und die Großmeister der geistlichen Ritterorden schwarzes Wachs. Wichtige kaiserliche Dokumente wurden sogar mit Gold gesiegelt (Goldene Bulle). Die Wachssiegel wurden nicht etwa gegossen, wie man annehmen könnte. Man knetete vielmehr das Wachs zunächst so weich, dass es sich um das Siegelband legen ließ. Danach wurde das Siegel aufgeprägt und von hinten mit 1–3 Fingern zusätzlich eingedrückt, damit das Siegelband sicher hält. Für die Rückseite wurde auch mal etwas dunkleres, minderwertigeres Wachs verwendet.

Als die Post noch gesiegelte Briefe transportierte, waren Wachssiegel üblich. Das Wachs wurde dazu teilweise gefärbt, sogenanntes Gerichtswachs mit Zinnober. Der Zusatz von Harzen und Ölen veränderte die Festigkeit. Später hat der stabilere Siegellack das Siegelwachs ersetzt.

Nostalgisch gestaltete Dokumente oder Glückwunschschreiben können Sie auch heute noch mit Bienenwachs siegeln. Dadurch erhalten sie eine feierliche Note und Sie schaffen einen zusätzlichen Bezug zu Biene und Imkerei. Auch Geschenke bekommen, mit Bienenwachs gesiegelt, ein hochwertiges Aussehen. Das größte Problem ist, einen schönen Siegelstempel aufzutreiben. Auf Flohmärkten oder in Antiquitätenläden wird man gelegentlich fündig, ebenso in spezialisierten Fachgeschäften für nostalgische Schreibgeräte.

Siegelwachs und Flaschenlack herstellen

Für den Hausgebrauch können Sie natürlich mit reinem Bienenwachs siegeln, aber speziell gemischtes Siegelwachs ist attraktiver und besser dazu geeignet.

Materialien:

- 100 g Bienenwachs
- 1 gestrichener Teelöffel Kolophonium oder Fichtenharz
- 1–2 Teelöffel Zinnober
- 1–2 Teelöffel Terpentin

Mittelalterliches Wachssiegel der Stadt Freiburg im Breisgau.

Rückseite eines Wachssiegels mit zwei Fingern am Siegelband festgedrückt. (Aus dem Stadtarchiv Freiburg im Breisgau)

Vorgehensweise
Schritt 1. Zuerst schmelzen Sie das Wachs in einem Wasserbad, dann lösen Sie das Kolophonium oder das Harz unter Rühren darin auf.
Schritt 2. Lösen Sie den Zinnober im Terpentin und rühren Sie ihn gleichmäßig in das Wachsgemisch.
Schritt 3. Das fertige Siegelwachs können Sie in Tiegeln aufbewahren und zum Gebrauch verflüssigen oder zu Stangen von etwa 10 x 0,5 x 0,5 cm gießen und wie Siegellack verwenden.

Stellen Sie als Imker Ihren Met selbst her, ist es reizvoll, die Flaschen auch mit eignem Bienenwachs zu versiegeln. Ein über hundertjähriges Rezept für „Flaschenlack" schlägt dazu Folgendes vor (W. Lahn; Lehre der Honig-Verwertung, 1925):

Materialien:

- 100 g Bienenwachs
- 250 g Burgunder- oder Fichtenharz
- 16 g Talg schmelzen
- 125 g roter, gelber oder schwarzer Ocker zum Färben

Vermischen Sie alles zu einer einheitlichen Flüssigkeit und tauchen Sie darin die verkorkten Flaschenhälse ein wenig ein. Nehmen Sie sie heraus und drehen sie so lange bis die Siegelung fest geworden ist. Da die Flaschenlackmischung von den Zutaten her recht kostbar ist, würde es auch genügen, nur die Korkfläche oben zu siegeln.

Bienenwachs und Kleidung

Beim Zusammennähen von schweren Stoffen und Leder läuft der Faden besonders schlecht. Deshalb ist es bei Schneidern, Kürschnern, Sattlern und Schustern ein altbewährter Trick, den Faden vor dem Nähen über einen Bienenwachsblock zu ziehen. Dabei wird er so heiß, dass er genügend Wachs aufnimmt und sich dann besser verarbeiten lässt. Bei Schuhen und Outdoor-Bekleidung wirkt der gewachste Faden zusätzlich Wasser abweisend. Der Stoff für Federkissen, das sogenannte Inlett aus besonders dicht gewobenem Stoff, wurde früher mit Bienenwachs zusätzlich abgedichtet. Damit waren die Federn vor Feuchtigkeit geschützt und konnten nicht so leicht das Gewebe durchdringen.

Eine besondere Stellung nahm das Bienenwachs in der Textilfärberei ein. Die sogenannte Batik-Technik hat auch heute noch in Kunst und Kunsthandwerk Bedeutung. Auf das in einen Rahmen gespannte Tuch werden mit flüssigem Wachs Motive gemalt. Anschließend wird das ganze Tuch gefärbt und danach das Wachs ausgebügelt und ausgewaschen. Flächen, die von Wachs bedeckt waren, sind weiß geblieben. Durch den geplanten Aufbau des Motivs und die stufenweise Färbung von den helleren zu den dunkleren Farben kann ein mehrfarbiges Bild entstehen. Durch die Arbeitsschritte beim Batiken sind kleine Bruchstellen im Wachs unvermeidlich. Dadurch entsteht die typische Krakelierung, die den Batikbildern besonderen Reiz verleiht.

Eine weitere Technik wird hauptsächlich in der Seidenmalerei eingesetzt. Die unterschiedlichen Farbbereiche eines Bildes werden mit flüssigem Bienenwachs gezeichnet, anschließend die Farben aufgebracht, die an den Wachsbarrieren nicht zusammenlaufen können. Allerdings verwendet man für diese Arbeit heute hauptsächlich auswaschbare Lacke, sogenanntes Gutta, das nicht erwärmt werden muss und die Farben sicherer voneinander trennt.

Lederpflege mit Bienenwachs

Zum Abdichten und Geschmeidighalten von Leder war Bienenwachs seit alters her ein probates Mittel. Das Leder von Trinkschläuchen wurde ebenso damit abgedichtet wie das der Dudelsäcke oder die Blasebalge der Harmonikas. Am ehesten findet es noch bei der Imprägnierung und Pflege von Schuhen und Reitzeug Verwendung.
Für einfacheres Leder eignen sich Mischungen, wie sie auch zur Holzbehandlung verwendet werden. Die zu gleichen Teilen aus Terpentinöl und Bienenwachs bestehende Lösung bewahrt man in einer gut schließenden Dose auf. Nachdem sie dünn in das gereinigte Leder eingerieben wurde und die flüchtigen Bestandteile des Lösungsmittels verdunstet sind, wird nachpoliert. Derbere Schuhe für den harten Einsatz verlangen drastischere Mittel. Wahre Wunder verspricht ein über

80 Jahre altes Rezept, das auf englische Matrosen zurückgehen soll. Stundenlang sollen sie mit den derart präparierten Schuhen im Wasser gestanden haben, ohne dass etwas eingedrungen wäre.

Materialien:
- ¼ Liter gekochtes Leinöl
- 250 g Hammelfett
- 50 g Bienenwachs
- 30 g Harz

Schmelzen und vermischen Sie alle Zutaten, anschließend lassen Sie die Mischung erkalten. Das Hammelfett können Sie bei Bedarf durch ein festes Pflanzenfett ersetzen. Reiben Sie die gereinigten Schuhe damit ein und lassen Sie die Mischung gut einziehen.

Holzpflege mit Bienenwachs

Für Bienenwachs als Pflegemittel und zur Bearbeitung von Holzoberflächen besteht eine große Nachfrage. Es verbreitet einen angenehmen Geruch und bringt die Maserung des Holzes sehr schön zur Geltung.

Eine besonders gute Haltbarkeit verleiht das Wachs, wenn es pur ins Holz eingearbeitet wird. Das ist vor allem für draußen geeignet und sollte auch nur im Freien verarbeitet werden. Das Wachs wird flüssig auf das Holz aufgetragen und mit einem Gasbrenner oder einer Heißluftpistole in die Poren eingeschmolzen ohne es zu verbrennen. Lassen Sie überschüssiges Wachs auf untergelegte Bleche abtropfen, damit es nicht verloren geht. Bei dieser feuergefährlichen Aktion müssen Sie höchste Vorsicht walten lassen, indem Sie weitab von Gebäuden arbeiten, Feuerlöscher bereitstellen, Werkstücke nicht vor restlosem Abkühlen verlassen oder weiterverarbeiten. Eine Methode, die sich nur für besonders stark der Witterung ausgesetzte Hölzer eignet. Imker dichten auf diese Weise auch die Holz-Futtertröge ihrer Magazinbeuten ab.

Tipp

Bienenwachs kann dem behandelten Objekt eine etwas klebrige Oberfläche verleihen, die den Staub geradezu anzieht. Dies ist in der Wohnung nicht erwünscht. Deshalb muss Bienenwachs immer verdünnt werden, damit es ins Holz einziehen kann. Flüssige Reste an der Oberfläche sollten Sie mit einem Lappen gut abwischen. Durch abschließendes Polieren arbeiten Sie den verbliebenen Wachsfilm gründlich in die Poren des Holzes und verfestigen dadurch die Oberfläche.

In der Regel wird zur Wachsverdünnung Balsam-Terpentinöl verwendet. Je höher sein Anteil, desto flüssiger das Endprodukt, ein höherer Wachsanteil ergibt eine festere Paste. So können Sie die Konsistenz der späteren Verwendung anpassen. Als weitere Beimischungen zu den Wachslasuren sind Propolis oder Farbpigmente zu nennen.

Genügt Ihnen der natürliche matte Seidenglanz des Wachses nicht, können Sie zusätzlich Leinöl als Verdünner verwenden. Dem etwas merkwürdigen Leinölgeruch können Sie durch Zusatz eines Duftöles wie Orangenöl entgegenwirken. Für besonders strapazierte Oberflächen wie Fußböden ist pures Bienenwachs zu weich. Die Beimischung von Karnaubawachs führt zu einem besseren Ergebnis.

Wachsmischungen bis zur Verdünnung von 1:1 sollten Sie warm verarbeiten und auch das Holz sollte möglichst temperiert sein. In kaltes Material dringt auch ein relativ flüssiger Wachsanstrich nur schlecht ein. Anschleifen fördert hingegen die Aufnahme. Zur Fußbodenimprägnierung empfiehlt sich sogar eine Vorbehandlung mit heißem Wasser, das die Poren öffnet. Gut trockengewischt, nimmt es mehr Wachs auf als vollständig trockenes Holz.

Andere, besonders frische Holzoberflächen können als Vorbehandlung mit Leinölfirnis (Leinöl mit 10 % Balsam-Terpentinöl) oder Naturharzöl grundiert werden.

Übersicht und Verwendung von Holzpflegemitteln auf Bienenwachsbasis

Bezeichnung	Mischungsverhältnis	Aufwandmenge ml je m²	Anwendung
Bienenwachslasur	1 Teil Bienenwachs 0,5*–1 Teil Balsam-Terpentinöl	100	Grundierung mit Leinölfirnis oder Naturharzöl möglich; 1:1 auch als Lederwachs geeignet
Bienenwachs-Leinöl-Lasur*	2 Teile Bienenwachs 1 Teil Leinöl 5–10 % zum Beispiel Orangenöl	100	Für wenig beanspruchte Flächen. Voranstrich mit Leinölfirnis intensiviert den Glanz.
Möbelpolitur	1 Teil Bienenwachs 1 Teil Balsamterpentinöl 1 Teil Leinöl 5–10 % Orangenöl	50	Zur Oberflächenbehandlung und Möbelpflege.
Fußbodenwachs*	1 Teil Bienenwachs 1 Teil Karnaubawachs 1 Teil Balsam-Terpentinöl	50	Auftrag mit Pinsel, Bürste oder Leinen-, bzw. Baumwolllappen. Nach einigen Tagen mit Stoffballen abreiben und polieren.

*)Zur Verarbeitung im Wasserbad erwärmen, auf temperierte Fläche auftragen.

Wachspflegemilch herstellen
Als Möbelpflegemittel mit reinigender und auffrischender Wirkung eignen sich Wachslösungen nur bedingt. Besser ist dafür eine Wachsmilch, mit der alle Holzoberflächen, wie Möbel oder Fußböden, aber auch Leder, nachpoliert werden können.

Vorgehensweise
Schritt 1. Kochen Sie 180 ml Wasser mit 40 g Pottasche (Kaliumkarbonat) auf und fügen unter ständigem Rühren 80 g Bienenwachs hinzu. Zum Schluss noch einmal mit 180 ml Wasser nachgießen und zu einer milchigen Flüssigkeit verkochen.
Schritt 2. Anschließend in verschließbare Gläser abfüllen. Vor Gebrauch schütteln oder rühren. Bei empfindlichen Flächen sollten Sie vor der Erstanwendung einen Eignungstest durchführen.

Bienenwachs als Trennmittel

Wenn Sie sich die Zutatenlisten vieler industriell gefertigter Süßigkeiten anschauen, werden Sie häufig folgende Angabe finden: Trennmittel Bienenwachs. Ein dünner Film davon sorgt dafür, dass die Gummibärchen leicht aus ihrer Form herausfallen und in der Tüte nicht zu sehr aneinander kleben bleiben.

Bienenwachs können Sie aber auch im Haushalt als Trennmittel einsetzten. Hausfrauen und Hobbyköche kennen den Ärger, wenn Kuchen oder Plätzchen am Backblech hängen bleiben. Ein Film aus Bienenwachs kann dies verhindern. Reiben Sie einen kleinen Wachsblock über das heiße Backblech und verteilen das abgeschmolzene Wachs sofort mit einem Knäuel Pergamentpapier. Es genügt nur eine solch geringe Menge Wachs, dass es sich gerade mit dem Papier über die Fläche verteilen lässt. Halten Sie in der Küche Wachsblock und Papier

Will man reines Bienenwachs an Endverbraucher verkaufen, gießt man es am besten in Silikon-Muffin-Formen unterschiedlicher Größe. Der Kunde kann sich dann je nach Verwendungszweck, die richtige Größe aussuchen.

in einer kleinen Dose für diesen Zweck bereit. Das Backblech wird immer gleich nach dem Backvorgang, solange es noch heiß ist, präpariert. Damit ist es für das nächste Mal schon vorbereitet und muss nicht extra vorgeheizt werden.

Dass Bienenwachs Bioqualität haben muss, wenn' Sie es als Trennwachs einsetzen, versteht sich von selbst. Mit Bienenwachs hergestelltes Gebäck muss, wenn sie es vermarkten möchten, auf der Zutatenliste mit dem Hinweis: „Trennmittel Bienenwachs E 901“ gekennzeichnet werden.

Knetmasse für Kinder

Aus Bienenwachs in Bioqualität können sie eine schöne Knetmasse für Kinder herstellen, indem Sie einem Kilogramm verflüssigtem Wachs 60 Gramm Wollfett untermischen. Gießen Sie es zu kleinen Riegeln oder portionieren sie es kalt. Anschließend können Sie es in Pergamentpapier oder Frischhaltefolie verpacken. Vor dem Kneteinsatz im Backofen auf maximal 50 °C kurz erwärmen damit es gleich von Anfang an schön geschmeidig ist. Das Knetwachs gibt auch ein gutes Übungsmaterial ab, bevor Sie aus reinem Bienenwachs Figuren herstellen.

Baumwachs

Zum Schutz der Veredelungsstellen und beim Abzweigen von Gehölzen ist Baumwachs unentbehrlich. Damit soll das Eindringen von Keimen in die Schnittstelle vermieden werden. Bienenwachs ist ein häufiger und wichtiger Bestandteil alter Baumwachsrezepte, die hauptsächlich wegen der Teuerung des Fichtenharzes aus der Mode gekommen sind. Allerdings werden die Ergebnisse der alten Mischungen nach Aussage erfahrener Obstbauexperten durch synthetische Wachse bis heute nicht erreicht. Viele bewährte Rezepte sind zwischenzeitlich verloren gegangen. Ein Baumschulbuch von 1909 empfiehlt folgende Zusammensetzung:

- 765 g gereinigtes Fichten- oder Tannenharz
- 50 g schwarzes Pech
- 30 g Hammeltalg
- 50 g Bienenwachs
- 100 g fein gesiebte Holzasche
- 5 g roter Ocker

Alle Bestandteile werden gut erwärmt zusammengerührt, dann ist das Baumwachs gebrauchsfertig. Für kaltflüssiges Baumwachs wird noch 170 g Spiritus zugefügt.

Bienenwachs in Kosmetik und Naturmedizin

Bienenwachs ist Bestandteil vieler pharmazeutischer und kosmetischer Produkte. Dabei werden sowohl die physikalischen als auch die hautpflegenden und -schützenden, sowie die antibiotischen und Wasser abweisenden Eigenschaften des Wachses genutzt. Neben den komplizierten Fettsäureestern, Mineral- und Aromastoffen, ist das Vitamin A zu nennen, von dem 100 g Bienenwachs >4000 Internationale Einheiten enthalten.

Der Wachsbestandteil eines Produktes soll vor allem seine Festigkeit beeinflussen. Einer relativ dünnflüssigen Mischung verleiht es Konsistenz, von der Lotion über die Salbe bis zum stabilen Stift. Und wo es nicht direkt zur Pflege oder Heilung beitragen kann, ist es zumindest unschädlich. Auch Seifen erhalten durch den Wachsanteil eine höhere Festigkeit.

Wer gezielt auf die Suche geht, findet auch so ungewöhnliche Produkte wie bienenwachsbeschichtete Zahnseide oder Ohrenkerzen aus Bienenwachs. Auch Bienenwachsakupunktur als eine Variante der Pflanzenakupunktur ist im Angebot.

Im professionellen Pharma- und Kosmetikbereich kommt meist das *Cera alba*, also das weiße Wachs in DAB-Qualität (nach dem Deutschen Apothekerbuch) zum Einsatz. Der Imker und naturheilkundige Laie verarbeitet immer das ursprüngliche, gelbe Wachs in sauberster Bioqualität, unverarbeitete Waben oder Wabenteile.

Wabenhonig und Kauwachs

Wachs war in alten Imkerhaushalten, neben Honig und Propolis, schon immer ein bewährtes Mittel zur Linderung von Reizungen und Entzündungen der oberen Atemwege. Kauwachs kann in Form von Wabenhonig oder als Entdecklungswachs genossen werden. Das Wachs-Honiggemisch wird gut gekaut wie Kaugummi, bis es nicht mehr schmeckt. Das Wachs wird nicht mitgegessen, verschlucken ist jedoch völlig unschädlich. Scheibenhonig, ein Wabenhonig aus der Heidetracht, wird in dünne Scheiben geschnitten, aufs Brot gelegt und mit dem Wachs verzehrt. Eine besondere Delikatesse!

Keimhemmendes Propolis

Allen Bienenprodukten wird eine antibiotische Wirkung zugeschrieben. Die lindernde Wirkung des Honigs ist fest in der Volksmedizin verankert. Propolis haftet in geringem Maße, manchmal sogar in sichtbaren Mengen, an der Honigverdecklung an. Die Bienen sammeln das Harz an den Knospen vieler Bäume und verwenden es zum Auskleiden des Stockes, zum Verstopfen von Lücken und Ritzen und

Die Bienen verwenden das Propolis nicht nur als Überzug der Honigzelldeckel. Sie stopfen damit auch alle Lücken und Ritzen ihrer Behausung zu. Hier sind dicke Ablagerungen auf einen Rähmchenohr zu sehen. Somit gelangen bei der Wachsgewinnung immer auch Anteile von Propolis ins Bienenwachs.

sie überziehen damit Fremdkörper, wie beispielsweise im Stock verendete Eindringlinge und schützen sich dadurch vor Infektionen. Dabei profitieren sie von der keimhemmenden Wirkung des Harzes, das man sich auch in der Naturmedizin zunutze macht. Aber auch das Bienenwachs selbst besitzt wirksame Inhaltsstoffe. Beim Auskauen des Wachs-Honiggemisches lösen sich diese mit dem Honig und den Propolis-Spuren.

Kauwachs zubereiten
Materialien:

- Schleuderreife Honigwaben
- 250 Gramm-Gläschen mit Twist-off-Deckel
- Einmachtrichter
- 2 Esslöffel
- Flüssiger Honig
- Waage

Hinweis
Wegen der leicht abführenden Wirkung sollten Sie Kauwachs nicht häufiger als drei Mal täglich genießen. Wabenhonig und Kauwachs sind Lebensmittel. Deren Verkauf darf nicht mit Heilversprechen in Verbindung gebracht werden.

Das Entdecklungswachs muss unmittelbar nach dem Entdeckeln in die Gläser gefüllt werden. Benutzen Sie einen Einmachtrichter damit die Ränder nicht verschmieren. Es ist peinlichst darauf zu achten, dass keine Fremdkörper, wie Bienen- oder Holzteile, in das Kauwachs gelangen. Füllen Sie nur etwa zu ¾ und verschließen Sie die Gläser.

Sobald der Honig fest zu werden beginnt, drücken Sie die nach oben drängenden Wachsteile mit einem Löffel nach unten und füllen mit flüssigem Honig auf. Ohne diese Honigversiegelung bekäme das Kauwachs an der Oberfläche einen unangenehmen, gärigen Geruch und Geschmack. Wenn Sie Kauwachs zum Verkauf anbieten wollen, müssen Sie es mit einer geeichten Waage abfüllen und mit „Wabenteile in Honig" deklarieren. Außerdem müssen Sie noch Imkeradresse, Gewicht, Loskennzeichnung, Mindesthaltbarkeit und Ursprungsland angeben.

Wabenhonig

Wabenhonig, besonders der Scheibenhonig wurde früher aus dem Naturbau der Waben, oft noch im Korbbetrieb, herausgeschnitten und verpackt. Manche Imker verfahren immer noch so, nur lassen sie dazu die Bienen in leere Rähmchen ohne Mittelwand bauen. Als Wabenhonigtracht eignet sich natürlich am besten die Heide mit ihrem geleeartigen Honig. Dünnflüssige Honige oder solche, die rasch hart werden und kristallisieren, sind ungeeignet. Der Honig läuft aus oder er ist unangenehm zu essen.

Das saubere Zerteilen der Wabenstücke ist mitunter eine heillose Schmiererei. Deshalb bietet der Fachhandel unterschiedlichste Systeme zur Wabenhonigproduktion an. Es handelt sich dabei um kleine Rähmchen, eckig oder rund, die von den Bienen einzeln ausgebaut und mit Honig gefüllt werden. Die Rähmchen sind gleichzeitig ein Teil der Verpackung. Sie müssen nur noch zusammengeklappt oder mit Boden und Deckel versehen werden.

Um die Bienen zum Ausbau und Volltragen der Wabenhonigrähmchen über dem Absperrgitter zu bewegen, müssen Sie das Volk sehr eng halten. Da die Randwäbchen nicht immer voll ausgebaut werden, können Sie seitlich jeweils ein bis zwei Reihen durch Blindstücke ersetzten. Wabenhonig kann während einer guten Tracht oder durch starkes Füttern von reinem Honig entstehen. Ausgezeichnet wird das Produkt als „Wabenhonig" und wie bei Kauwachs noch mit Imkeradresse, Gewicht, Loskennzeichnung, Mindesthaltbarkeit und Ursprungsland versehen.

Die verdeckelten Waben der Ross Rounds müssen zum Verkauf des Wabenhonigs nur noch mit zwei Deckeln verschlossen und etikettiert werden.

Herstellung von Salben und Cremes

Im medizinischen und kosmetischen Bereich findet Bienenwachs vor allem als Bestandteil von Lotionen, Salben, Cremes und Lippenpflegestiften Verwendung. Es verleiht dem Produkt die gewünschte Festigkeit. Auf die Haut aufgetragen schützt das Bienenwachs vor Austrocknung und Hautirritationen durch äußere Einflüsse.

Die Grundmaterialien unterliegen einem Alterungsprozess. Größere Mengen, die den alsbaldigen Verbrauch übersteigen, sollten im Kühlschrank aufbewahrt werden. Als Antioxidationsmittel wird häufig etwas Vitamin E zugesetzt. Wenn Sie Ihre Produkte zum Verkauf anbieten wollen, müssen Sie auf Heilversprechen verzichten (Arzneimittelrecht). Vorgeschrieben ist eine Zutatenliste, die Adresse des Herstellers, sowie Loskennzeichnung und Mindesthaltbarkeit. Insbesondere bei Verwendung von Propolis ist ein Allergiehinweis empfohlen.

Kosmetische Salbe herstellen

Unproblematisch in der Zubereitung als Salbenzusätze sind Auszüge aus getrockneten Kräutern und Blüten, während die Verarbeitung frischer Kräuter einiger Erfahrung bedarf. Sie enthalten mehr Wasser und können bei falscher Behandlung in Fäulnis oder Gärung übergehen. Ebenso können auch Duftöle zur Aromaverbesserung zugesetzt werden. Je nach Verwendung oder Vorliebe können Sie das Leinöl auch durch ein anderes Pflanzenöl, wie Olivenöl ersetzen.

Materialien:

- 15 g Bienenwachs
- 100 ml Leinöl in Lebensmittelqualität
- Laborglasbecher
- Glasstab oder -spatel
- Salbendosen oder -tiegel
-

Erwärmen Sie das Öl im Wasserbad vorsichtig auf 65 °C und lösen Sie unter stetem Rühren das zerkleinerte Wachs darin auf. Füllen Sie die Flüssigkeit in verschließbare Döschen oder Gläser ab. Diese Mischung ist durch die Inhaltsstoffe der Zutaten besonders hautpflegend und -schützend und ist sogar essbar. Bereiten Sie mit dem verwendeten Öl zuvor einen pflanzlichen Auszug, können Sie der Salbe einen angenehmen Duft oder eine zusätzliche Wirkung verleihen.

Kosmetische Creme

Materialien:

- 10 g Bienenwachs
- 15 g Kakaobutter
- 100 ml Jojobaöl

- Einige Tropfen Duftöl (zum Beispiel Rosenöl)
- Laborglasbecher
- Glasstab oder -spatel
- Salbendosen oder -tiegel

Erwärmen Sie das Öl im Wasserbad vorsichtig auf 65 °C und lösen Sie Wachs und Kakaobutter in kleinen Stückchen darin auf. Zum Schluss mischen Sie das Duftöl gut unter und füllen es in in dicht schließende Behälter ab.

Lippenpflegestift
Mit Bienenwachs lassen sich flüssigere Pflegesubstanzen verfestigen. Deshalb kann man sich kaum eine idealere Anwendung für Bienenwachs vorstellen als Lippenpflegestifte, bei denen auch seine Schutz- und Pflegewirkung voll zur Geltung kommen.

Materialien:
- 1 Teil Bienenwachs
- 1 Teil Jojobaöl
- 1 Teil Mandelöl
- 1 Teil Kakaobutter
- Laborglasbecher
- Glasstab oder -spatel
- Einwegspritze (50–100 ml)
- Lippenstifthülsen

Vorgehensweise
Schritt 1. Schmelzen Sie das zerkleinerte Wachs mit den Ölen vorsichtig im 65 °C warmen Wasserbad, dann nehmen Sie es aus dem Wasserbad und lösen die Kakaobutter in der Wachs-Öl-Mischung auf.
Schritt 2. Fixieren Sie die Lippenstifthülsen zum Beispiel in einem niedrigen, mehrfach gelochten Karton. Ziehen Sie die Einwegspritze mehrmals mit der warmen Flüssigkeit auf, damit sie Temperatur bekommt und die Tülle nicht zu schnell verstopft. Dann die Lippenstifthülsen bis 3 mm unter den Rand füllen. Die Füllung schrumpft etwas beim Abkühlen. Füllen Sie deshalb erst nach dem Erkalten randvoll auf.
Schritt 3. Mit ruhiger Hand können die Hülsen auch direkt aus dem Laborglas gefüllt werden, wenn dieses einen Ausgießschnabel besitzt. Eine Füllung macht etwa 5 Gramm aus. 1 Tropfen Vitamin E Acetat je 10 Gramm Masse verlängert die Haltbarkeit.
Schritt 4. Wenn Sie in die stockende Creme zusätzlich noch wenige Tropfen Honig geben, ergibt das ein neues Lippenpflegeprodukt, das nicht mehr ganz so fest wird und deshalb in kleine Cremedöschen abgefüllt werden sollte.

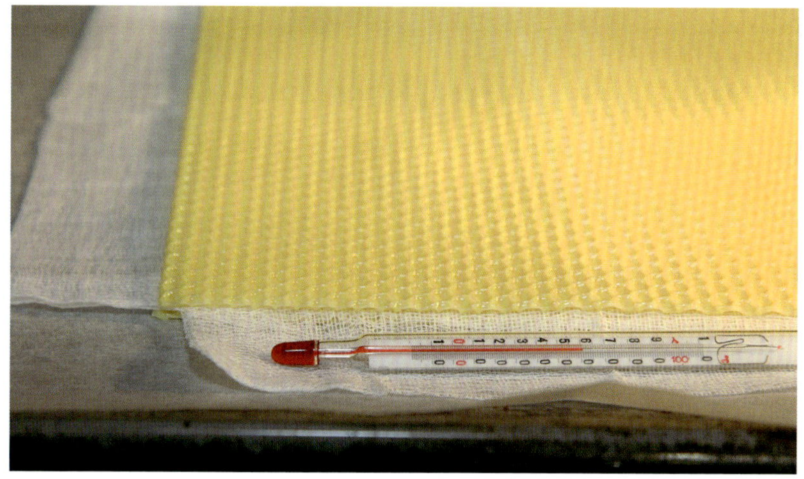

Das Wachspflaster zur Wärmebehandlung wird im Backofen vorsichtig aufgeheizt.

Wachspflaster zur Wärmetherapie

Bienenwachs benötigt eine besonders lange Zeit zur Aufnahme der Wärme. Ebenso lange dauert es auch, bis sie sehr langsam wieder abgegeben ist. Somit bildet Bienenwachs einen ausgesprochen guten Wärmespeicher. Dies und die angenehmen, hautverträglichen Inhaltsstoffe prädestinieren es zur Wärmebehandlung und somit als Konkurrent für heiße Rolle, Fango & Co. Das Wachspflaster eignet sich zur Entspannung bei Muskelschmerzen, wie beispielsweise lokale Zerrungen und Verhärtungen im Muskelbereich, aber auch bei Schlafstörungen und kalten Füßen. Eine professionelle Wachstherapie finden Sie bei www.wachswerk.de.

Materialien:

- 1 dünne Wachsplatte, zum Beispiel DN-Mittelwand aus Entdecklungswachs
- Baumwoll-Mull oder Käseleinen
- Elektro-Backofen mit niedriger Temperatureinstellung
- Thermometer
- Backpapier oder Silikonbackmatte

Vorgehensweise

Schritt 1. Heizen Sie den Backofen auf 60 °C vor (mit Thermometer kontrollieren!) und schneiden Sie in der Zwischenzeit die Mittelwand quer in zwei Teile. Schneiden Sie das Mull- oder Leinentuch so zu, dass es bei den Mittelwandstücken ringsum 5 cm übersteht.

Schritt 2. Legen Sie das Backblech mit Backpapier aus und darauf ein Mittelwandstück, das Sie im Ofen warm werden lassen. Legen Sie wenige Minuten später den Stoff darauf und drücken gleichmäßig das zweite Mittelwandstück darüber.

Tipp

Da der Ofenthermostat sicher nicht so genau regelt und 60 °C nur knapp unter dem Schmelzpunkt des Wachses liegen, ist die Kontrolle mit einem genauen Thermometer, zumindest beim Probelauf, anzuraten. Aus diesem Grund ist es auch ratsam, das Backblech immer mit einem Backpapier oder einer Silikonbackmatte zu schützen, falls der Ofen doch einmal etwas höher heizt. Sollten Sie vergessen haben, die richtige Temperatur einzustellen, einfach die Abkühlung abwarten.

Schritt 3. Nachdem dies ebenfalls auf Ofentemperatur gebracht wurde, legen Sie ein zweites Backpapier auf und drücken alles gleichmäßig an, damit sich Stoff und Wachs gut verbinden. Die Backpapiere nicht entfernen, sondern einfach nur bündig zuschneiden. Jetzt ist das Wärmepflaster fertig.

Zur Anwendung wird ein Backpapier abgezogen und das Pflaster auf dem belassenen Backpapier im Backofen wieder auf 60 °C erwärmt und mit der Wachsseite direkt auf die zu wärmende Körperstelle gelegt, darüber zur Isolierung schützende Decken. Lassen Sie das Pflaster aufgelegt, so lange es Wärme abgibt. Es ist viele Male wiederverwendbar. Es muss nur gut verpackt und immer wieder aufgewärmt werden.

Wachserzeugung – ein lohnendes Produktionsverfahren?

Die Wachserzeugung in der Imkerei ist etwa vergleichbar mit der Wollerzeugung in der Schäferei. Das Hauptprodukt des Imkers ist der Honig, wie das des Schäfers das Lammfleisch ist. Eine gute Wachsproduktion bedingt reichlichen Honigsegen. Theoretisch könnte die Wachsproduktion durch Zuckerfütterung gezielt forciert werden. Bei einer mittleren Zucker:Wachs-Zahl von 5:1 (siehe Seite 18) würde alleine der Materialeinsatz den Wachszugewinn um ein mehrfaches übersteigen. Würde man den von den Bienen eingesetzten Honig in Rechung stellen, sähe es noch ungünstiger aus.

Wie der Honig ist auch das Bienenwachs ein Produkt des Welthandels. Die Preise sind tief und degradieren jede heimische Wachsproduktion zur bloßen Abfallentsorgung. Eine lohnende Vermarktung ist nur möglich, wenn das Wachs selbst weiterverarbeitet und veredelt wird. Die Nutzungsmöglichkeiten des Wachses zählen aber meist nicht mehr zur Urproduktion und unterliegen ab einer bestimmten Produktionsgröße besonderen steuer-, handwerks- und gewerberechtlichen Auflagen, zumal, wenn Ihnen bei gutem Gelingen die eigene Erzeugung nicht mehr ausreicht und Sie Wachs zukaufen müssen.

Lohnt Pressen?

Viele Imker verzichten darauf, den Wachstrester zu pressen. Wenn Sie aber einen guten Wachspreis erzielen wollen oder auf den eigenen Wachskreislauf Wert legen, sollten Sie sich Wege zu einer besseren Ausbeute suchen. Optimistisch gerechnet bedeutet 30 % mehr Ausbeute pro Wabe etwa 30 Gramm Wachs oder 18 Eurocent zusätzlich. Wenn Sie von einem Wabenaufkommen von 300 Stück im Jahr ausge-

Wachsproduktion eines Bienenvolkes (nach Binder Köllhofer, Kirchhain, 2000)

Wachsertrag aus:	Gramm	Blockwachs* 6,00 €/kg	Direktvermarktung Rohware** 9,00 €kg
10 Waben x 120 g	1200		
8 Drohnenwaben à 50 g	400		
Entdecklungswachs	300		
Summe	**1900**	**11,40**	**17,10**
Wachseinsatz über Mittelwände 10 MW à 70 g=0,70 €	700	7,00	7,00
Netto-Wachsertrag	**1200**	**4,40**	**10,10**

* Bei Abgabe an wachsverarbeitende Betriebe, 1. Verarbeitungsstufe minus Abzug für Restverschmutzung.
** Sauberstes Reinwachs ohne weitere Veredelung; zusätzliche Investitions- und Energiekosten.

Kosten für 1 kg Mittelwände in Eigenherstellung mit wassergekühlter Silikonform bei Stundenleistung 40 MW/Std. und 30 Kg/Jahr

Aufwand	€
Reinwachs	9,00
Investition 1000 € AfA 7 %	2,30
Energie, Wasser	0,40
Arbeitsaufwand 10,00 €/Std	3,25
Gesamtkosten	14,95
Aufwand ohne eigenes Wachs und Eigenleistung	2,70

hen, dürfte eine Pressvorrichtung bei einer 15-jährigen Nutzungszeit etwa 800 € kosten, damit sie sich gerade trägt oder, bei höherem Wachspreis auch Gewinn abwirft. Die Bandbreite des Angebotes reicht von der hydraulischen Presse für Profis bis zur Thüringischen Kartoffelpresse zu unter 100 € für Kleinstmengen des Hobbyimkers.

Mittelwandherstellung

Beim Wachsumtausch Blockwachs gegen Mittelwände bezahlen Sie einen recht günstigen Betrag für die Verarbeitung, verglichen mit dem doch beträchtlichen Aufwand bei Einzel-Handfertigung. Eine automatische Walzengießmaschine kann sich der Normalimker einfach nicht leisten. Es sind also andere Beweggründe, die Mittelwände selbst zu machen: Die Garantie für das eigene Wachs, der Spaß an der Wachsarbeit und die gut genutzte Freizeit.

Mit einem Preis von 18,00 € für ein Kilo Mittelwände liegt man etwa im mittleren Angebotssegment des Fachhandels. Wachs und Arbeitskraft stellen Sie jedoch selbst zur Verfügung. Wenn Sie diese Kosten nicht mit einrechnen, kommen Sie auf einen unschlagbaren Preis von 2,70 € für die Verwertung in der eigenen Imkerei.

Kerzen tauchen

Die Wirtschaftlichkeit der Kerzenherstellung hängt stark vom Rationalisierungsgrad ab. Beim Gießen ist eine möglichst große Zahl der recht kostspieligen Silikonformen sinnvoll. Beim Tauchen mit Einzeldochten dauert es sehr lange, bis eine einzige Kerze entsteht. Mit einer größeren Anzahl von Tauchgestellen erzielen Sie in der gleichen Zeit ein vielfaches Ergebnis. Je höher die Produktion bei gleicher Ausstattung, desto mehr reduzieren sich die anteiligen Investitions-, aber auch die Energiekosten.

Das Kerzentauchen kann nicht nur als zusätzliche Einnahmequelle, sondern auch als PR-Gag genutzt werden. Es ist eine Attraktion an jedem Verkaufsstand und der Hingucker auf Weihnachts-, Handwerker- und Mittelaltermärkten.

Kalkulation Tafelkerze 20 cm, 60 g mit 6 Tauchgestellen à 12 Kerzen; Jahresproduktion 200 Kerzen

Aufwand	€
Wachs	0,54
Docht	0,05
Ak (2 Std. à 8,00 €)	0,28
Energie	0,04
AfA 7 %	0,20
Kosten	1,11
evtl. zu erzielender Verkaufspreis (Direktvermarktung)	2,60

Alle anderen Kerzentechniken außer Gießen sind bei den mitunter kühlen Freiluftveranstaltungen nicht zu praktizieren. Außerdem wird jedem Zuschauer klar, wie mühevoll die Entstehung einer Ziehkerze und dass der etwas höhere Preis durchaus gerechtfertigt ist.

Auch Stände zum Selbsttauchen sind sehr beliebt. Jeder wird stolz sein auf seine eigene selbst gefertigte Kerze. Abgerechnet wird nach Gewicht, was bei kaltem Wetter ideal ist, da die Kerze schneller abkühlt. Die Ausstattung mehrerer Kerzentauchstationen ist allerdings auch recht kostspielig was die Materialkosten, aber auch die Standgebühren angeht. Die Tauchstation darf aus Sicherheitsgründen nicht an einem Durchgangsweg aufgebaut werden, wo es Gedränge geben kann. Und dennoch sollen die Passanten zuschauen können.

Wenn Sie etwas in dieser Art anbieten wollen, denken Sie daran, dass für Kinder das einheitlich gelbe Bienenwachs eher langweilig ist. Stellen Sie gleich mehrere bunte Wachse zum Tauchen bereit, haben Sie auch die Kinder gewonnen. In späteren Jahren werden sie sicherlich eine positive Einstellung zu Bienenwachskerzen haben.

Motivkerzen sind sehr beliebt. Allerdings werden sie als Dekorationstücke oft viele Jahre alt. Regelmäßiger Verkauf ist aber nur möglich, wenn die Kerzen wirklich verbrannt werden. Kleine Figurenkerzen, meist Tiere oder Märchenfiguren, sprechen die Kinderherzen an. Auch diese Kerzen sind nicht zum Abbrennen gedacht.

Schaustücke

Kerzen sind kein Kinderspielzeug und das Entsetzen bei den Kleinen ist oft groß, wenn die Lieblingsfigur aus Wachs vor ihren Augen buchstäblich in Flammen aufgeht. Bieten Sie solche Motive besser ohne Docht, vielleicht auch bemalt, als reine Schaustücke an.

Service

Literatur

Klaus-P. Lührs; Formen selbst gemacht. Eigenverlag ISBN 978-3885220091
Derrick Crump; Behandlung von Holzoberflächen. Urania, Stuttgart 2006. ISBN 3332009214

Film

Heideimkerei – 8. Mitteleuropa, Nördliches Niedersachsen – Wachspressen in einer Imkerei. Film Nr. E 2661. www.kulturerbe.niedersachsen.de

Untersuchungsstellen

Labor Ceralyse
Am Holzhof 54
D-29221 Celle
Telefon: 0 51 41 / 60 68
www.ceralyse.de
Untersuchung von Bienenwachs auf verschiedene Inhaltsstoffe und Eigenschaften

Länderinstitut für Bienenkunde Hohen Neuendorf e.V.
Friedrich-Engels-Str. 32
D-16540 Hohen Neuendorf
Tel.: 03303 / 2938 - 30*
https://www2.hu-berlin.de/bienenkunde/
Untersuchung von Bienenwachs auf Verfälschung

Landesanstalt für Bienenkunde der Universität Hohenheim
Erna-Hruschka-Weg 6
D-70599 Stuttgart
0711 459-22659
https://bienenkunde.uni-hohenheim.de/
Untersuchung von Bienenwachs auf Verfälschung und Rückstände

Bezugsadressen

Imkereibedarf Hannelore Braun
Eschenweg 25
D- 77886 Lauf - Aubach
www.dampfwachsschmelzer-braun.de
Dampfwachsschmelzer

Imkereibedarf Josef Muhr GbR
Hagengruber Straße 1
94267 Prackenbach
www.imkereibedarf-muhr.de
Bienenwachs, Mittelwände, Geräte zur Wachsgewinnung- und Verarbeitung, Zubehör zur Kerzenherstellung

Wabenprofi, Bernd Spanbalch
Heiligenwiesen 6
D- 70327 Stuttgart – Wangen
www.wabenprofi.de
Mittelwände, Kerzen-, Wabenhonigzubehör „Ross Rounds“

Apopharm GmbH
Daimlerstraße 6
D- 67454 Haßloch
www.Apopharm.de
Bienenwachs, Kosmetikzubehör

Dictum GmbH
Gottlieb-Daimler-Straße 3
D- 94447 Plattling
www.Dictum.com
Oberflächenschutz, Holzschutzzubehör

Süddeutsche Imkergenossenschaft e.G.
Zillenhardtstr. 7
D- 73037 Göppingen
www.suedd-imker.de
Bienenwachs, Mittelwände, Wachsschmelzer, Imkereibedarf

TimTec AG
Birkhofstr. 4
D-75449 Wurmberg
www.timtecag.de
Mittelwandgießmaschine im Kleinformat ab 10 kg

Andermatt BioVet
Stahlermatten 6
CH-6146 Grossdietwil
www.Biovet.ch
Deutschland:
Andermatt Biovet GmbH
Franz-Ehret-Str. 18
D79541 Lörrach
www.Andermatt-Biovet.de
Rähmchen-/Beutenreiniger, Bienengesundheit

Seewald-Clean
Waldbadstr. 20-22
D-33803 Steinhagen
www.Seewald-Chemie.com
Reiniger für Imkereien

FoodQS GmbH
Mühlsteig 15
90579 Langenzenn, Germany
AG Fürth HRB 14402
Tel: +49 (9101) 70183 - 31
Fax: +49 (9101) 70183 - 20
E-Mail: monica.jokovic@foodqs.de
www.foodqs.de

Erich Alfranseder
Hauptstr. 15
D-84533 Marktl am Inn
www.alfranseder.de
Mittelwandgießform luftgekühlt

Bernhard Altmann
Strauchgasse 2
A-4482 Ennsdorf
altmann.Bernhard@aon.at
Bienenwachs, eigene Wachsverarbeitung, Mittelwände, Imkereibedarf

Bienenvogt & Warnholz
Beim Haferhof 3
D-25479 Ellerau
www.bivo.de
Mittelwände, Bienenwachs, Imkereibedarf

Biorat
Kelterstraße 26
D-72636 Frickenhausen
www.biorat.de
Mittelwände (rückstandsarm)

Anita Böhler
Horbach 16
D-79875 Dachsberg
anita.boehler@web.de
Eigene Wachsverarbeitung, Bienenwachs, Mittelwände, Kerzenzubehör, Imkereibedarf

Lydia Bretthauer
Friedenstraße 8
D-77781 Biberach
www.varrostat.de
Kerzen-Tauchgestelle

Exagon AG
Räffelstraße 10
CH-8064 Zürich
Deutschland:
Industriepark 202
D-78244 Gottmadingen
www.exagon.ch
Bienenwachs, Kerzenzubehör, Wachsschmelzbehälter

Carl Fritz Imkereitechnik
Immenweg 1
D-97638 Mellrichstadt
www.carl-fritz.de
Bienenwachs, Mittelwände, Wachsschmelzer, Imkereibedarf

Chr. Graze
Staffelstraße 5
D-71384 Weinstadt-Endersbach
www.graze.eu
Bienenwachs, eigene Wachsverarbeitung, Wachsumtausch, Mittelwandgießform wassergekühlt, Imkereibedarf, Kerzenzubehör

Hamag-Maschinenbau
Wolfgang Rieder
Gansbichlstr. 26
D-86807 Buchloe
www.hamag-maschinenbau.de
Wachsschleuder, Dampfgenerator

Hödl Erich
Deutsch Haseldorf 75
A-8493 Klöch
www.wachs-hoedl.at
Bienenwachs, Mittelwände, eigene Wachsverarbeitung

Holtermann
Scheesseler Str. 12
D-27386 Brockel
www.holtermann.de
Mittelwände, Bienenwachs, Kerzenzubehör, Imkereibedarf

Imkerhof Linz
Pachmayrstraße 57
A-4040 Linz
www.bienenladen.at
Bienenwachs, Mittelwände, Kerzenzubehör, Imkereibedarf, Kosmetikverpackungen, Lippenstifthülsen

Kerzenidee
Horwagener Str. 29
D-95138 Bad Steben
www.kerzenidee.de
Bienenwachs, Kerzenzubehör

LEGA srl
Via Maestri del Lavoro, 23
I-48018 Faenza
www.legaitaly.com
Wachspressen, Imkereibedarf Mittelwandwalzen

Bienen Maier
Inh. Heinrich Schilli
Herrenberg 4
D-77716 Haslach i.K.
www.Bienen-Maier.de
Eigene Wachsverarbeitung, Wachsumtausch, Mittelwände (auch rückstandsarm), Bienenwachs, Imkereibedarf

Bienen Meier
Fahrbachweg 1
CH-5444 Künten
www.bienen-meier.ch
Bienenwachs, Mittelwände, Eigene Wachsverarbeitung, Imkereibedarf

Meine Kosmetik Inh. Sandra Ann Paul
In der Kirchenwies 10
D-54441 Kanzem
www.meinekosmetik.de
Kosmetikzubehör, Kosmetikverpackungen, Lippenstifthülsen und -Formen

Wilfried Müller
Lindener Weg 12
29581 Groß Süstedt
www.wm-bienenwachs.de
Mittelwände, Eigene Wachsverarbeitung, Bienenwachs

Rietsche GmbH
Kinzigstraße 1
D-77781 Biberach
www.rietsche.de
Wachsschmelzer, Wachspressen, Mittelwandmaschinen

Swienty
Hortoftvej 16
DK-6400 Sonderborg
www.swienty.dk
Bienenwachs, Mittelwände, Wachsschmelzer, Imkereibedarf

Tiroler Imkergenossenschaft
Meraner Str. 2
A-6020 Innsbruck
Filialen in Imst und Kundl
www.tirolerbienenladen.at
Bienenwachs, Mittelwände, Kerzenzubehör, Imkereibedarf

Dipl.-Ing. Roland Weber
Trebitz Nr. 65B
D-07554 Trebitz
www.bienenweber.de
Bienenwachs, Mittelwände, Kerzenzubehör, Imkereibedarf

Wienold
Dirlammer Str. 20
D-36341 Lauterbach
www.wienold-imkereibedarf.de
Mittelwände, Kerzenzubehör, Imkereibedarf

Schnell nachgeschlagen

Bildquellen

Umschlagfoto: Ingo Arndt
Siegfried Dietrich: 7, 13
Dr. Frank Neumann: 48, 49, 65 (links), 68 (unten), 85, 87
Werner Gekeler: 111
Klaus Spürgin: 144
Alle übrigen Fotos stammen vom Autor.
Sämtliche Zeichnungen fertigte Helmuth Flubacher, Waiblingen, nach Vorlagen des Autors.

Impressum

Bibliografische Information der Deutschen Nationalbibliothek
Die Deutsche Nationalbibliothek verzeichnet diese Publikation in der Deutschen Nationalbibliografie; detaillierte bibliografische Daten sind im Internet über http://dnb.d-nb.de abrufbar.

Die in diesem Buch enthaltenen Empfehlungen und Angaben sind vom Autor mit größter Sorgfalt zusammengestellt und geprüft worden. Eine Garantie für die Richtigkeit der Angaben kann aber nicht gegeben werden. Autor und Verlag übernehmen keine Haftung für Schäden und Unfälle. Bitte setzen Sie bei der Anwendung der in diesem Buch enthaltenen Empfehlungen Ihr persönliches Urteilsvermögen ein.
Der Verlag Eugen Ulmer ist nicht verantwortlich für die Inhalte der im Buch genannten Websites.

Anmerkung zur Schreibweise (Gendering): Gendergerechtigkeit und Inklusion sind bei uns gelebte Praxis – bei der Auswahl unserer Themen, bei der Recherchearbeit, in der Gestaltung. Unsere Texte meinen alle. Damit unsere Inhalte jedoch gut lesbar bleiben, verzichten wir in diesem Werk auf die jeweilige Mehrfachnennung oder Anpassung der Schreibweise bestimmter Bezeichnungen an die weibliche, männliche oder diverse Form.

Wollgrasweg 41, 70599 Stuttgart (Hohenheim)
E-Mail: info@ulmer.de
Internet: www.ulmer.de
Lektorat: Jennifer Zajonz, Saskia Hoen
Herstellung: Katharina Merz
Umschlagentwurf: Marion Schreiber, www.marionschreiber.de
Satz: Fotosatz Buck, Kumhausen
Reproduktion: time:ray, Jettingen
Druck und Bindung: Westermann Druck, Zwickau

Printed in Germany

ISBN 978-3-8186-1285-6

MIX
Papier aus verantwortungsvollen Quellen
FSC® C110508

HIER KÖNNEN SIE WEITERLESEN

Kreativ mit Bienenwachs.
Über 50 Rezepte zum Nachmachen: Kosmetik, Dekoration, Kerzen, Bastelideen, Praktisches für zu Hause.
A.Tietjen, F. Tietjen. 2021.
76 S., 70 Farbfotos, kart.
ISBN 978-3-8186-1347-1.

Bienenwachs zu verarbeiten ist ein rundum gesundes und nachhaltiges Hobby. Die Verwendung eines so ursprünglichen Naturprodukts belastet die Umwelt nachweisbar geringer als der Konsum industriell hergestellter Produkte. Für dieses Buch haben der Imker Falco und seine Frau Anne Tietjen über 50 sorgfältig ausgesuchte Rezepte zusammengetragen und zeigen, was Sie selbst aus Bienenwachs herstellen können. Ganz gleich, ob Sie Ihren eigenen Insektenschutz, Schuhcreme, Holzpflege, Wachs-tücher, Dekoration, Naturkosmetik herstellen oder mit Kindern Kerzen gießen möchten – für jeden ist bei der Auswahl der Rezepte etwas Passendes dabei. Lassen Sie sich von den vielfältigen DIY-Ideen inspirieren!

IMKERN LERNEN – Schritt für Schritt

Der Imkerkurs für Einsteiger.
Nachhaltige Bienenhaltung Schritt für Schritt. Mit über 120 Fotos genau erklärt. U. Westphal. 2021. 160 Seiten, 122 Farbfotos, Klappenbroschur. ISBN 978-3-8186-1314-3.

Sie möchten gern Honigbienen halten, wissen aber nicht, wie es geht? Dann ist dieses Einsteigerbuch perfekt geeignet. Schritt für Schritt und mit vielen Fotos werden Sie ans bienengerechte Imkern herangeführt – vom biologischen Basiswissen über Honig- und Wildbienen bis hin zu den wichtigen Fragen bei der Vorbereitung: Wie sind die rechtlichen Voraussetzungen? Ist mein Garten bienenfreundlich? Welche Beute passt zu mir? Welche Bienenkrankheiten gibt es? Im praktischen Teil führt die Autorin Sie einmal quer durchs Bienenjahr: Was geht wie, wann muss ich was tun und warum? So können Sie gleich loslegen und bienengerecht und nachhaltig imkern.